U0150501

# C语言

## 程序设计原理与开发实例

曹艳如　史琨　张梅◎编著

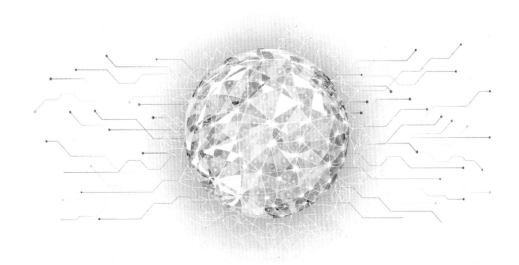

中国原子能出版社

图书在版编目（CIP）数据

C 语言程序设计原理与开发实例 / 曹艳如，史琨，张梅编著．--北京：中国原子能出版社，2020.9

ISBN 978-7-5221-0902-2

Ⅰ．①C…　Ⅱ．①曹…②史…③张…　Ⅲ．①C 语言一程序设计　Ⅳ．①TP312.8

中国版本图书馆 CIP 数据核字（2020）第 187615 号

## 内 容 简 介

随着互联网科技的发展，编程越来越重要。本书是一本关于 C 语言基础知识和程序设计开发的图书，本书以 C 语言案例导入为背景，对 C 语言的编译软件、关键字、数据常量和变量、运算符、基本语句、函数等基础知识进行初步讲解，着重分析数组、指针、结构体、预处理等在实际编程中的具体应用，为读者提供了编写 C 语言自定义函数的经验与方法，并以实战项目的应用培养读者程序设计的思维和独立掌握完整项目的能力。本书结构完整、内容全面、语言精简、强调实战，适合编程初学者、编程爱好者、程序开发人员、程序测试人员以及其他互联网从业人员使用。通过阅读，相信你一定可以提升 C 语言编程能力，丰富编程思维，有所收获。

C 语言程序设计原理与开发实例

出版发行　中国原子能出版社（北京市海淀区阜成路 43 号　100048）

责任编辑　张　琳

责任校对　冯莲凤

印　　刷　廊坊市新景彩印制版有限公司

经　　销　全国新华书店

开　　本　787mm×1092mm　1/16

印　　张　18

字　　数　416 千字

版　　次　2021 年 7 月第 1 版　2021 年 7 月第 1 次印刷

书　　号　ISBN 978-7-5221-0902-2　　定　价　84.00 元

网址：http：//www.aep.com.cn　　E-mail：atomep123@126.com

发行电话：010－68452845　　　　版权所有　侵权必究

# 前　言

互联网时代，网络、数据、应用软件构成了它的主旋律。应用软件编写、网页设计、数据库开发等，都离不开 IT 人员的开发与维护，编程的重要性不言而喻，因此程序员、软件工程师更是成为互联网时代的"宠儿"。

现在，越来越多的人想要从事 IT 行业，潮流不可阻挡。我们怎样才能从事这个行业？都需要我们做哪些准备？答案就在这本书中。

无论是编程初学者还是有编程基础的人员，相信在程序开发问题上都存在着这样或那样的困惑：

编程语言有多种类型，为何初学者都倾向选择 C 语言？

C 语言和其他语言本质上是否有区别，它的特色是什么？

C 语言在这个多种开发语言并存的时代是否已经过时？

C 语言凭借什么从众多高级语言中杀出重围，独占鳌头？

学会 C 语言是否就能轻松掌握其他高级语言？

本书拨开迷雾，直指本质，用最简单明确的语句告诉你什么是 C 语言、C 语言的特点以及应用范围，帮助你在编程道路上越走越远，实现编程梦想。

本书由三大部分组成，由易到难、由浅入深地系统介绍了 C 语言这个编程王国。

基础篇，了解 C 语言的魅力，追溯 C 语言的发展历史，了解常用编译软件、常量和变量、关键字、数据类型、基本语句、宏定义、枚举变量和函数等基础知识，包括 C 语言书写规范和命名规则等内容；认识一个完整 C 语言程序所具有的成分，从结构上理解 C 语言的组成部分。

拓展篇，带你走进 C 语言的核心知识，如指针、数组的使用，预处理的巧妙应用，结构体、链表的应用以及有关文件、套接字、数据库的基础知识，通过一些案例针对性地进行讲解，和你一起探讨 C 语言的升级内容，加强 C 语言核心知识的应用。

实战篇，探寻 C 语言究竟如何为我们的生活提供便利，如何利用 C 语言编写项目；计算器如何制作，它的各种功能如何通过 C 语言程序来实现；票务系统如何搭建和完善，订票、查询等功能又是如何借助 C 语言来运行的。不同项目中，函数、结构体、指针是如何发挥作用的……在项目的实战中体会、探索与感受 C 语言的魅力，培养和提高独立编程能力。

另外，本书创造性地设计了 5 个版块，帮你快速走入 C 语言进阶通道。"技巧集锦"助你快速掌握核心知识点，有效记忆章节重点；"新手误区"帮你避开"雷区"，减少错误发生概率；"技能升级"帮你了解相关知识，拓展思维，进一步提高编程技能；"实力检测"助你测试掌握水平，有效增强编程实力；"剑指 offer 初级挑战"助你打通职场赛道，快速拿到 offer。这些版块内容的设计，层层递进，加深知识点记忆，并在提高编程技能的同时引发思考。

全书结构清晰，内容丰富，语言通俗易懂，启发性强。全书以入门到实操的逻辑线索，按照 C 语言基础知识、进阶知识和项目实际应用的顺序，对 C 语言程序中出现的知识点进行详细讲解，逻辑严谨，层次分明。通过阅读本书，相信你一定可以掌握 C 语言基础知识，提升编程技能，并有所收获。

本书在编撰过程中，参考了不少学者、有识之士的观点与相关资料，在此深表感谢！同时，欢迎读者和我们一起探讨 C 语言，提出意见和建议，以交流和不断完善本书，让我们一起在探索 C 语言的道路上砥砺前行！

作　者
2020 年 6 月

# 目　　录

## 第 3 章　走向基本语句，为变量增加关联 …………………… 39

**拓展篇　掌握C语言的核心知识**

**实战篇　挑战C语言项目**

# 基础篇

了解C语言的魅力

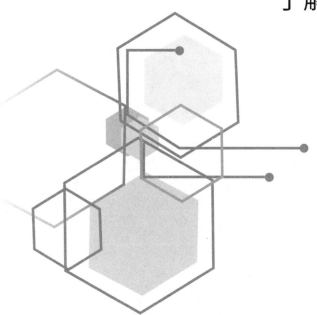

# 第 *1* 章

## 走进职场实战：了解 C 语言

随着互联网技术逐渐走进日常生活，编程能力开始被视作一种新读写能力，受到越来越多人的关注。C 语言作为计算机高级语言的鼻祖和底层功能的实现者，起着"承前启后"的作用，十分重要。

现阶段，国内外互联网公司对操作系统和各类软件程序开发的需求日益提高，了解并能熟练使用 C 语言逐渐成为对程序员进行水平测试的评判标准。

C 语言作为开发操作系统的首选语言，在未来的一段时间里热度还会进一步上升。接下来就与我们一起走近 C 语言，了解 C 语言的特点，学习 C 语言的知识，掌握 C 语言的运用。

# 1.1　编程语言

在现在这个信息大爆炸的时代，相信编程这个名词很多人都听说过，但是你真的了解什么是编程吗？

举例来说，如果你去国外旅游，但是你又不懂当地的语言，只能找个翻译来当你的向导。其实，编程所做的事情跟翻译类似，只不过它所连接的两端是开发人员和计算机设备，当开发人员编写好代码以后，编程语言就会把代码转化成设备所能明白的0 和 1 的电信号，这就是编程。

1946 年，第一台计算机出现，随后各种编程语言应运而生（图 1-1）。

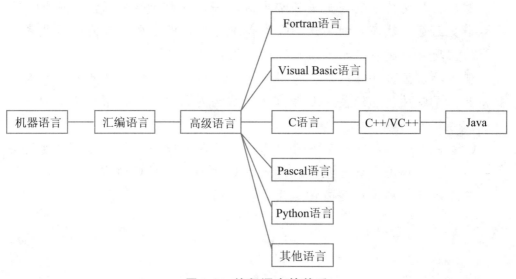

图 1-1　编程语言的关系

## 1.1.1　机器语言

机器语言，机器可以直接识别，并不需要经过人工的再次翻译。机器语言的操作码仅须识别计算机内部电路的开和闭信号，即可读取到设定好的指令信息。

由于机器语言使用了地址与绝对操作码相结合的信息传递方式，因此每个计算机都有自己的指令系统。从用户使用的角度来说，机器语言在编程语言当中属于最低级别的一类语言，其可移植性和通用性较差，因此较少使用它。

## 1.1.2　汇编语言

汇编语言，是由电子计算机、微型处理器、微型控制器以及其他一些可以编程的内容共同组成的一类低级语言。

汇编语言可以通过汇编过程转换成机器指令来实现"交流"。由于每种汇编语言所对应的机器语言指令集不同，因此常会导致无法在不同平台间实现直接移植代码的操作。

汇编语言更加适合对速度要求较高且代码长度有限的程序，或者是那种直接读取并控制硬件系统的程序。而高级语言更加注重难易程度以及人机理解的平衡点。

## 1.1.3　高级语言

高级语言并不单独指代某一种语言，而是具有相同特征的一类语言的总称，C、C++、C♯、Java 等都属于高级语言。

# 1.2　C 语言的基本情况

## 1.2.1　C 语言大事记

C 语言是怎样一步步演化为我们今天熟知的形式的呢？相信很多人都对此充满好奇。接下来我们一起走进 C 语言，了解它的成长历程（图 1-2）。

**1. C 语言的出现**

C 语言的出现最早可以追溯到 1972 年，当时，贝尔实验室的 C 语言之父丹尼斯·里奇为了用更简便的方式开发 Unix 系统，在 B 语言的基础上编写出 C 语言，同时将 C 语言应用到 Unix 系统的迭代当中。

**2. C 语言的问世**

虽然早在 1972 年丹尼斯·里奇就创造了 C 语言，但是 C 语言一直只是在贝尔实验室内使用。

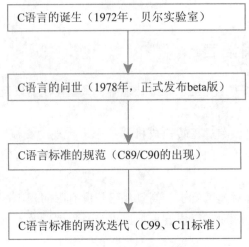

图 1-2  C 语言的发展历史

C 语言第一次正式出现在大家的视野是通过 1978 年出版的《The C Programming Language》一书。

### 3. C 语言的首个标准性文件

第一个 C 语言的通用标准，于 1989 年正式出炉，1990 年初被正式认定为 C 语言的标准型文件，被称为 C89 或 C90 标准。

正是由于 C 语言的通用标准的出现，才使得 C 语言得到普遍应用，成为各种高级语言的基础。

### 4. C 语言经历的两次迭代

1999 年，美国国家标准协会对 C 语言的标准进行了第一次大规模修订，修订后的标准被称为 C99 标准，C 语言迎来了 2.0 时代。

2011 年，C 语言又一次被修订，也就是现在常用的最新的 C11 标准，C 语言进入了 3.0 时代。

 技巧集锦

**C89 标准和 C90 标准巧分辨**

对于 C 语言第一个试行版本的界定，有人使用 C89 标准的表述，有人使用 C90 标准。你可能会疑惑到底这个标准应该叫 C89 还是 C90 呢？

其实，C89 和 C90 标准是同一个标准，只是因为标准初稿发布的时间是 1989 年，正式确定开始使用是在 1990 年初，所以产生了 C89 和 C90 两种不同的叫法。

## 1.2.2　不要再搞混"C"家族语言，它们各不相同

在 C、C++、C♯ 三种语言中，C 语言是最早被开发出来的一门语言，其他两门语言都比它新，而且它们也存在很大不同，不能将它们混为一谈。让我们通过图 1-3 来更直观地了解这三门语言的不同。

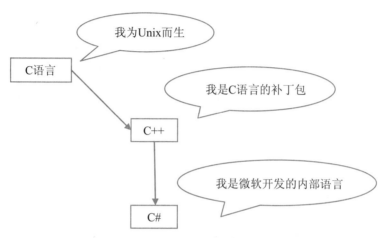

图 1-3　"C"家族语言的早期开发背景

C 语言注重降低机器语言代码，并确保运行效率不会出现非常大的变化。

C++ 比 C♯ 更靠近 C 语言一点，但是它的开发目的本身是给 C 语言增加一些功能，同时将 C 语言的面向过程编程改造成面向对象编程。C++ 还融合了其他编程语言的内容。

C♯ 最早是微软公司为了解决内部 CLR 设备创造出来的语言，"C"正是 CLR 的首字母，所以它跟 C 语言之间的关系并没有那么紧密，它是一门吸收了多种编程语言特点，为解决当时的问题而"量身定制"的语言。

这三种语言虽然都以 C 开头，但实际上它们并没有很"亲近"的关系，所以不要再搞混它们了。

## 1.2.3　C 语言在实际运用中的优势

C 语言受到了很多人的关注并成为程序员的"新宠"，它的优势是什么呢？接下来我们就一起去寻找答案吧。

### 1. C 语言的适应能力强

C 语言可以满足不同操作系统位数的电脑进行开发工作（图 1-4）。

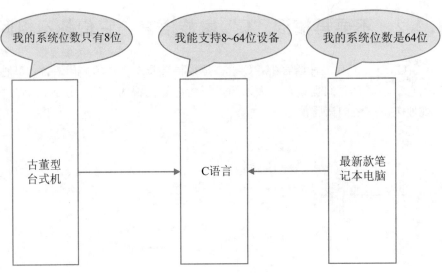

图 1-4　C 语言适应能力详解

### 2. C 语言的结构性强

C 语言以函数为切分点，一个函数就是一个小的模块，具有程序间复用的便捷性，可以以模块为单位进行复用，进而减少不必要的代码。同时，它还提供了 9 种不同的控制性语句，使得程序更容易被理解，也便于后期的代码维护（图 1-5）。

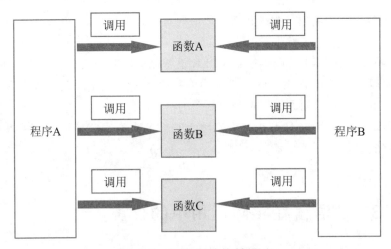

图 1-5　C 语言结构性图示

### 3. C 语言的运算符丰富

C 语言共提供了 32 种不同的运算符，既有基础的加减乘除，也有独特的位移、指针、求字节等运算符，这使得 C 语言可以完成的操作比其他语言更多。

### 4. C 语言的运算速度快

由于 C 语言融合了汇编语言和高级语言的特点，是现在流行的编程语言的"鼻祖"，因此也有中级语言的美誉。

此外，C 语言在基本满足使用需求的前提下，能保持几乎等同于汇编语言水平的运行速度，因此它也常被用作其他语言编译器的开发语言。

### 5. C 语言可以进行预处理操作

在众多编程语言中，C 语言配备了两个预处理的命令，实现了对外部文件添加宏定义的操作，让程序在确定执行前就完成一部分工作，从而提高软件开发的工作效率。

### 6. C 语言的移植性好

C 语言在移植性上表现优异，这是因为系统库函数和预处理程序跟源程序是隔开的，这就使得 C 语言程序容易在不同的 C 编译系统之间重新定义有关内容。

 技能升级

**C 语言的不足之处有哪些呢？**

C 语言虽然有很多明显的优势，但也会有不足之处，比如它太过灵活的设计思想。当我们编写的程序有歧义时往往只会警告不会报错，也就是说只要语法上没有问题，程序就能编译成功，但容易出现很多漏洞，安全系数不高。所以，我们在编写程序时要养成规范编写程序的习惯。

## 1.2.4　C 语言的书写"特立独行"

C 语言在书写上与其他的编程语言不一样（图 1-6），在以下几个方面表现得尤为突出。

C 语言对大小写很敏感，尤其在变量起名等细微环节中体现得淋漓尽致，A 和 a 可以表示两个完全不同的变量。

C 语言依赖分号来断句。C 语言在判定语句是否结束时是以有无分号来认定的。

C 语言中的注释标志略显单一。具体来说，在 C 语言中，注释用/＊开始，以＊/结束（从 C99 开始被允许使用//作为注释表示）。

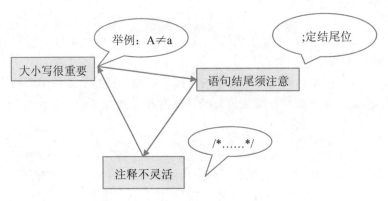

图 1-6　C 语言特立独行的部分

C 语言要求程序员在编写程序时必须严谨，有很严格的书写格式要求。这些严格的书写要求构成了 C 语言独具一格的形式美，但也正是因为这样我们在检查错误时才能一目了然，为我们今后更好地掌握 C 语言打下基础。

## 实力检测

对于 C 语言书写基础你全部掌握了吗？下面就来检测一下你掌握的程度吧。

问题一：当一句 C 语言代码编写完成，最需要注意什么？

提示：分号不能忘，如果 C 语言语句写完没有代码，计算机将不会执行这句代码的指令。

问题二：C 语言中标点符号是什么类型的？

提示：C 语言是由西方国家开发并制定标准的，标点符号必须是英文状态下的半角符号，计算机才可以识别。

问题三：C 语言中对大小写区分严格吗？

提示：非常严格，因为同一个字母的大小写可以代表不同的变量。

# 1.3　　搭建 C 语言的开发环境

C 语言必须在特定的开发环境下才能运行，如果不提前设置好 C 语言的开发环境，就好比上战场后发现没带枪一样，开发环境就像编程语言中的"枪"一样。接下来就向大家介绍一款免费的开发工具——Visual Studio Code。

## 1.3.1　安装 Visual Studio Code

Visual Studio Code（VS Code）是跨平台源代码编辑器。

VS Code 编辑器可以支持多种语言和文件格式的编写，我们可以在这款编辑器中编写 C 语言代码，实现程序的运行。

我们该如何安装 Visual Studio Code 呢？

第一步：进入 Visual Studio 官方网站（www.visualstudio.com），点击下图中的 Download 按钮，如图 1-7 所示（图取自 VS 官网）。

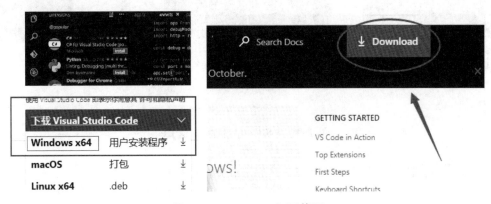

图 1-7　VS Code 官网截图

第二步：找到与你的电脑版本匹配的版本。

有人可能会问电脑版本在哪儿看？其实它就藏在控制面板的数据里（图 1-8）。

需要特别提醒大家的是，操作系统允许向下兼容。例如，你的系统是 64 位的设备，你可以在 32 位或 64 位里选；如果你是 32 位的设备，虽然你能下载 64 位的软件，但是你在运行软件时会遇到无法打开等诸多问题，所以不建议 32 位的设备去下载 64 位的软件版本。

**图 1-8　系统版本的获取方式**

根据图 1-8 所获得的信息，选择相对应的版本，点击链接（图 1-9）。

**图 1-9　VS Code 的版本选择**

第三步：选好版本后点开链接，然后下载弹出链接让你下的文件，尽量避免下载到 C 盘，下载完成后你的目标目录里会出现如图 1-10 所示的一个文件（不同版本名字会略有不同）。

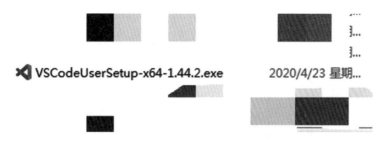

图 1-10　安装包下载展示

第四步：双击该文件，进行一键安装，安装完成后你的电脑里应该会出现一个名为 Microsoft VS Code 的文件夹，如果有 Microsoft VS Code 文件夹则表示你已经安装成功。

 **新手误区**

操作系统层面容易出现 Windows 系统误下 Linux 的安装包，这会导致运行软件时报无法打开的错。兼容性方面是容易用搭载 32 位操作系统的电脑下载支持 64 位操作系统才能运行的软件版本，这种情况也有可能导致软件无法打开。

## 1.3.2　安装 VS Code 小插件

C 语言安装这么简单？

并不是，安装 VS Code 后，并不能马上运行成功，这是因为缺少编译器，程序不知道如何去理解代码，所以需要安装一个名叫 MinGW 的 VS Code 的编译插件，之后才能正常运行程序。那就让我们来了解一下如何安装 MinGW。

在地址栏输入 https：//sourceforge.net/projects/mingw-w64/files/，下面的任一链接均可（请注意：x86 _ 64 开头的适用于 64 位机，i686 开头的适用于 32 位机）（图 1-11）。

点击进去后等几秒钟，然后弹出一个下载提示，点击 Download 按钮下载就可以了。下载完成后你会发现你的目标路径下多了一个如图 1-12 所示的压缩包，每个链接下的会略有不同。

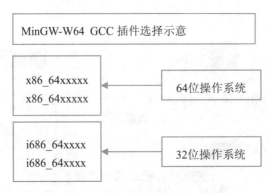

图 1-11　GCC 下载路径演示图

图 1-12　GCC 安装包展示

## 1.3.3　修改环境变量，让 C 语言"畅行无阻"

通过计算机—右键—属性进入"控制面板"，然后在左侧找到如图 1-13 所示的按钮，点击"高级系统设置"。

图 1-13　进入系统设置

接下来，点击"环境变量"按钮（图 1-14）。

图 1-14　进入环境变量修改界面

找到下栏列表中的 Path（注意大小写，只有 P 是大写，ath 是小写）变量，并将 MinGW 的安装路径粘贴到 Path 变量后面，如图 1-15 所示。

图 1-15　环境变量详解

安装测试：进入虚拟 DOS 窗口（菜单—运行—cmd），输入 gcc – – version，如果出现如图 1-16 所示的显示，即表示已经调试成功，可以执行程序了。

```
Microsoft Windows [版本 6.1.7601]
版权所有 (c) 2009 Microsoft Corporation。保留所有权利。

C:\Users\Administrator>gcc --version
gcc (x86_64-posix-seh-rev0, Built by MinGW-W64 project) 8.1.0
Copyright (C) 2018 Free Software Foundation, Inc.
This is free software; see the source for copying conditions. There is NO
warranty; not even for MERCHANTABILITY or FITNESS FOR A PARTICULAR PURPOSE.


C:\Users\Administrator>
```

图 1-16　测试开发环境的安装情况

配置环境变量首先要了解 Path 环境变量需要配置的内容，C 语言仅需配置 MinGW 的安装包即可，因此可以先将 Path 变量复制到记事本当中，然后在初始值后面追加 MinGW 的安装路径，最后用追加好的完整环境变量值，替换掉初始 Path 变量就可以完成 Path 变量的安全配置。

## 1.4　编写第一个 C 语言程序——Hello World. c

现在请你使用 C 语言编写第一个程序，向这个世界打声招呼。

第一步，打开 VS Code 软件。

第二步，新建一个名为 Hello World 的文件。

第三步，编写程序并运行。

程序 Hello World. c 源代码如下：

```c
# include< stdio.h>
# include< windows.h>
int main()
{
    printf("hello world! \n");
    system("pause");
    return 0;
}
```

在 VS Code 中，它并不会告知你是否成功，但是会提示你生成一个与 .c 文件同名的 .exe 文件，执行 .exe 文件后如果得到如图 1-17 所示效果则表示代码没有问题。

```
hello world!
请按任意键继续. . .
```

**图 1-17　运行效果图**

## 剑指offer初级挑战

程序员的浪漫很特别，他们会利用编程知识让自己的生活变得更加有趣。接下来请你参照 Hello World. c 的代码，输出一首唐诗——《静夜思》，要求每一句占据一行，即将"床前明月光，疑是地上霜。"输出在第一行，将"举头望明月，低头思故乡。"输出在下一行，你将如何设计这段代码？

offer 挑战秘籍：

☞ 涉及输出文字或数据的操作就需要使用 printf 函数。

☞ 需要换行就需要使用换行符号 "＼n"。

核心代码展示：

```
# include < stdio. h>
# include < windows. h>
int main() {
 printf("床前明月光,疑是地上霜＼n");
 printf("举头望明月,低头思故乡\n");
system("pause");
return 0;
}
```

# 第 2 章

## 走近"数据元素"，了解数据类型与运算符

在 C 语言中，一个完整的程序代码，必不可少的因素是什么？是数据元素。数据元素是 C 语言的基本知识，只有了解数据类型的分类和使用，才能着手编写程序。

本章带你了解数据类型的分类、数据类型在常量与变量中的作用、运算符的使用手册等方面内容，并着重叙述如何编写规范代码，帮你轻松编写出具有可读性且整洁、清晰的代码，提高对 C 语言基础知识的运用能力。

# 2.1  关键字

在 C 语言中，关键字承担着"商标"的功能，简单来说，就是告诉开发人员，有一些英文拼写已经被 C 语言编译器占用了，你不能再使用，如果使用就会造成图 2-1 所示的错误。

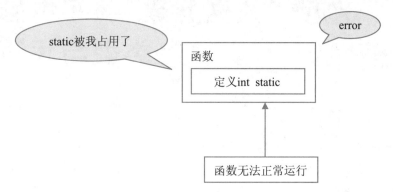

**图 2-1  关键字被占用**

在 C 语言中，关键字一共有 32 个，它们可以分为 5 个种类：函数型、参数型、限定型、变量型、语句型。5 个关键字种类见表 2-1。

**表 2-1  关键字一览表**

| 关键字名称 | 关键字类型 | 关键字名称 | 关键字类型 |
|---|---|---|---|
| void | 函数型 | const | 限定型 |
| sizeof | | register | |
| typedef | | struct | |
| volatile | | union | |
| static | | enum | |
| auto | 参数型 | if | 语句型 |
| extern | | else | |
| signed | | do | |
| unsigned | | while | |

| 关键字名称 | 关键字类型 | 关键字名称 | 关键字类型 |
| --- | --- | --- | --- |
| short | | for | |
| int | | continue | |
| long | | break | |
| char | 变量型 | goto | |
| float | | return | 语句型 |
| double | | switch | |
| | | case | |
| | | default | |

## 2.1.1　案例导入——会员卡次数计算

相信很多人有会员卡，一些会员卡按次记录消费，它是如何记录消费情况的呢？这就要引入两个概念——自增关键字和空指针。自增关键字的作用是在定义次数变量 count 时，在必须添加 int 告知 count 是个整型变量的基础上，再通知电脑 count 变量具备自增这个属性。会员卡次数计算的代码如下：

```
# include< stdio.h>
# include< windows.h>
void Hcount()
{
    int count= 0;
    count= count+ 1;
    printf("%d\n",count);
}
void main()
{
    getchar();
    Hcount();
    system("pause");
}
```

## 2.1.2　关键字在案例中的运用

在会员卡次数计算的案例中使用了 void 和 auto 两个关键字，其中 void 是在声明函数时表明函数中存在一个空指针，此时对被 void 定义的函数来说，有无数据返回就显得不重要了，如图 2-2 所示。auto 表示了该变量是函数内的自动变量，存储位置会实时变化，减少对系统内存的占用（图 2-3）。

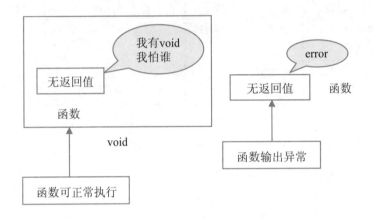

图 2-2　void 在函数执行时起到的作用

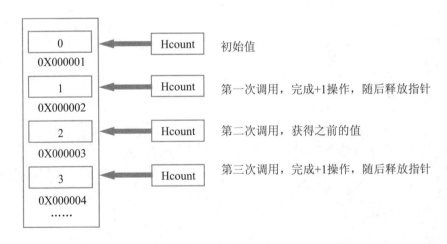

图 2-3　auto 在内存存储中起到的作用

## 2.2　　数据类型

数据类型是变量的基本内容，可细分为如图 2-4 所示的 4 种类型。

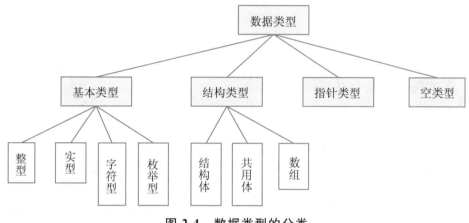

图 2-4　数据类型的分类

## 2.2.1　基本类型

在 C 语言中，程序中的数据是如何分类的呢？

1. 整型的分类和取值范围

整型分为 short、int 和 long 三种类型，其中 long 和 short 的区别为取值范围不同，int 类型被定义为基本整型，取值范围同 long。三个整型变量具体的取值范围见表 2-2。

表 2-2　整型变量的取值范围

| 数据类型 | 取值范围 |
|---|---|
| short | 有符号：−32768～32767 |
| | 无符号：0～65535 |
| int | 有符号：−2147483648～2147483647 |
| | 无符号：0～4294967295 |
| long | 有符号：−2147483648～2147483647 |
| | 无符号：0～4294967295 |

技巧集锦

大家有没有想过，既然所有整型数据都分有符号和无符号两种，那么编程开发工具默认会按什么状态来"管理"这件事呢？

在编程开发工具中，这个问题早就已经被想到了，开发工具默认将所有的整型变量都按有符号（signed）状态记存，如果需要存储无符号就需要在变量前带上无符号（unsigned）的标志。

### 2. 实型的分类和精度

实型，又被称为浮点型，主要是存储带有小数点类型的数字。例如，π 的数值为 3.14，就要被定义为 float 类型才能正常显示。

浮点数在实型当中分为单精度和双精度两大类，其中单精度为 float 类型，双精度为 double 类型。

在数学计算中我们完全可以用 5 除以 3.2，但是如果放在 C 语言程序中，这时你就会发现程序报错了，这个错误其实是因为实型和整型是没有办法进行计算的，它们的数据类型不一致，取值范围也不相同。如果想要两者进行数值的计算，这时就需要将其中一个变量进行转换然后再进行操作。

在 C 语言中，有一个叫强行转换的概念可以解决整型变量和实型变量不能直接计算的问题。接下来就来介绍一下数据类型的强行转换是如何实现的。

如果一段代码中既定义了整型变量和实型变量，同时它们还需要进行计算，这时你可以在使用变量前编写"变量名 ＝（要转成的类型）变量名"来实现两个变量的直接计算。

 实力检测

不同数据类型之间也是可以进行混合运算的，现在需要你来计算 10＋'a'＋1.5＊2 的结果。可以看出算式中有字符类型的数据，那么如何将字符类型数据转换成数值类型的数据呢？请利用强行数据转换的概念解决这个问题吧。

部分代码展示：

```c
# include< stdio. h>
int main()
{
    int a= 10;
    char b= 'A';
    float c= 2* 1.5;
    double result= a+ b+ c;
    printf("%f\n",result);
    return 0;
}
```

### 3. 字符型的分类和特征

字符类型其实就是字符串，字符串可以存储英文大小写字母、数字、汉字和标点符号等众多数据。在 C 语言里，字符串最显著的特征就是用双引号括起来。

## 新手误区

字符类型可在常量和变量当中出现，称为字符常量和字符变量。它们是如何区分的呢？我们在对字符类型分类时又常常会陷入哪些误区呢？

示例一：

```c
char c= 'A';
scanf("%c",&c);
```

这个示例的错误原因在于变量 c 已经被初始化并被赋值，此时 c 代表字符常量，不可以被改变，所以不能使用 scanf（）函数赋值。

示例二：

```c
char ch= "abcdef";
printf("%c",ch);
```

这个示例的错误原因在于没有区分字符和字符串的区别。举个例子，"A"和"B"可以认定为字符常量，因为它们都是由一个字符构成的，而"AB"就不是字符常量，是字符串常量，所以应改为 printf（"%s"，ch）；才可以输出正确结果。

### 4. 枚举型的定义和变量

如果需要你用一个变量来表示星期，你会怎么操作呢？很多人可能会用♯define 定义命令，但是这样做需要星期这个变量多次被赋值。如果使用枚举类型就可以轻松解决这个难题。

需要特别指出的是，枚举类型数据的初始值默认为 0，即例子中的 Mon 的值为 0，剩下的依次＋1，如图 2-5 所示。

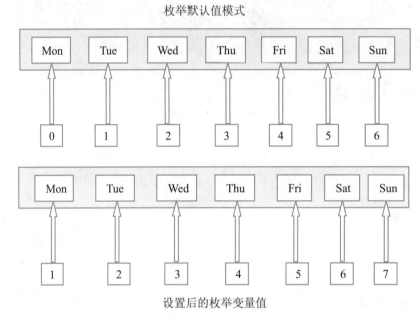

**图 2-5　枚举变量值设置前后对比**

## 2.2.2　结构类型

结构类型是一类聚合数据的总称，它分为结构体、联合体与数组三种。结构体和联合体数据类型都有一个共性，就是它们可以使 int、char、float 类型的数据在结构体、联合体里共同存在而不会报错。这样的优势使得结构体和联合体可以完成不同数据类型的基本操作，不必使用数据类型转换的方式。数组中可以存储多个同类型的数据，减少变量名的数量。

## 2.2.3　指针类型

指针类型是一个带有特定存储地址的一种数据类型，它跟其他的数据类型最大的不同就是指针并不指向一个数据，而是指向位置信息（图 2-6）。

图 2-6　指针变量的特性

## 2.2.4　空类型

空类型属于函数的一种,其显著特征为不需要一定携带返回值才能正确执行,空类型函数一般在函数名前会添加 void 以示区分。

# 2.3　常量与变量

常量是一次定义写入就不会变动的数据,而变量是在给定的范围内进行实时变动的数据。

常量的分类如图 2-7 所示,其中,符号常量需要♯define 命令来进行定义,最常见的是圆周常量 π。在程序里,一般会使用 PI 作为代表圆周率的常量。

变量分类如图 2-8 所示。

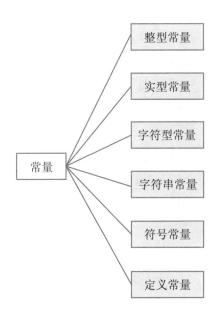

图 2-7　常量的分类

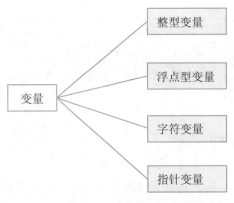

图 2-8　变量类型

 技巧集锦

　　每一个变量都对应着一个名字，这名字在程序中只属于这一个变量，同时每声明一个变量就会在内存当中给声明的变量分配一个存储地址，供这个变量来使用。

　　变量可以随时进行变量数值的变更，不需要重新再被分配地址信息。

## 2.3.1　案例导入——素数计算

　　所谓素数，就是大家上学时学过的质数。质数是除了 1 和本身没有其他符合要求的除数可以将其整除。如果要求我们寻找出 200 至 400 间素数的个数，通常，我们的做法是一个一个地计算，并将符合条件的数字记录，最后再统计总数。但是如果用一段计算机的代码来实现就容易多了，因为计算机会控制变量去实现一个一个排除整除的条件。

　　素数计算的部分源代码如下：

```c
int c= 0, d, v, p;
for (d= 200;d< = 400;d+ + )
{
  v= 2;
  p= 1;
  for (v =  2; v <  d; v+ + )
  {
    if (d %v = = 0)
    {
      p= 0;
```

```
    break;
      }
    }
  if(p= = 1)
  {
    c+ + ;
    printf("%d",d);
  }
}
```

## 2.3.2　变量在素数计算时的用法

在素数计算案例中，一共设置了 4 个变量，均为整型变量。案例中的这些变量分别代表不同的意义，执行不同的命令指令。

变量 c 在案例中是记录个数的变量，也就是当得到一个素数结果时变量 c 就会执行＋1 操作。

变量 d 在案例中被用作记录被除数，在每次确定一个数是不是素数的情况后执行＋1 并进入下一次循环。

变量 v 在案例中被用作记录除数，在每计算完一个除数后就执行＋1 操作，并在计算完一轮后重新置成 2。

变量 p 在案例中被用作记录被除数状态，通过存储 0 或 1 来记录被除数和素数之间的关系，0 为不满足素数条件，1 为满足素数条件。

 **技能升级**

变量名的拟定是编写代码时最为重要的一个环节，一个好的变量名可以为开发过程节省非常多的时间。那么，什么样的变量名才是一个好的变量名呢？

给变量起名的根本目的是让一个变量可以在多个开发人员所编写的代码之间增加复用性。举个例子，在很多实际开发的项目当中都会存在一个 username 的变量，这个变量是用来存放用户名字的。如果你只是简单地存成 n 或是 name，本身是没有问题的，但是如果需要将你的这个变量传给其他开发人员去使用时，就会造成他们不明白你这个变量到底代表着什么意义，实现什么功能。而如果定义成 username 的话，其他开发人员就能明白你这个变量存储着用户的名字，这样就可以按照变量名字所示将这个变量用到正确的地方。

# 2.4　数据的输入与输出

在 C 语言中，输入函数 scanf() 是通过键盘来输入指定要求的内容供其他的变量和函数进行使用的函数。输出函数 printf() 是将函数或简单代码进行输出。

## 2.4.1　案例导入——大小写转换

计算机系统中，所有的字母都有一个 ASCII 码与之对应，如果我们想要将"C"转换为"c"，就必须用到 ASCII 的对照表。在进行大小写字母转换时，程序是要先进行从字母到 ASCII 码的转换操作，计算机再根据转换后的 ASCII 码进行数值计算，并将结果通过 ASCII 码对照出相应的字符。

大小写转换案例的源代码如下：

```
# include< stdio.h>
void main()
{
char c;
char C;
printf("请输入一个小写字母\n");
scanf("%c", &c);
C= c- 32;
printf("%c\n",C);
}
```

 技巧集锦

ASCII 码对照表中收录了英文大写与小写，其中 26 个小写字母是从数值 97 开始往后排序的，而 26 个大写字母是从 65 开始往后排，因此在大小写转换时会将数字变量增加或减少 32（即 97－65）来做到英文大小写输出切换。

## 2.4.2　输入/输出函数的应用

输入函数在大小写转换的案例中起到提醒用户输入正确字符的作用，同时承担着将用户输入的字符传入变量当中的任务。

输出函数在大小写切换案例中起到给用户返回切换后的大写字符的作用，也可以间接帮用户验证结果（图 2-9）。

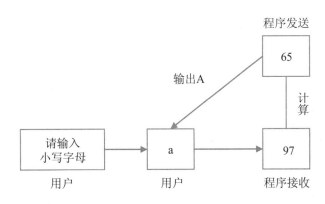

**图 2-9　大小写转换流程图**

# 2.5　运算符

运算符是程序正常运行必不可少的工具，它可以让你的变量实现包括但不限于加减乘除、取余数等运算。

## 2.5.1　运算符的种类

C 语言的运算符种类丰富，共 9 个大类、38 个小类，详见表 2-3。

表 2-3　运算符一览表

| 运算符种类 | 样式 | 运算符种类 | 样式 | 运算符种类 | 样式 |
|---|---|---|---|---|---|
| 算术运算符 | ＋ | 赋值运算符 | ＋＝ | 位运算符 | ＜＜ |
| | － | | －＝ | | ＞＞ |
| | ＊ | | ＊＝ | | ＆ |
| | ／ | | ／＝ | | ｜ |
| | ％ | | ％＝ | | ∧ |
| | ＋＋ | | ＜＜＝ | | ＞＞＞ |
| | －－ | | ＞＞＝ | 求字节数运算符 | sizeof |
| 关系运算符 | ＜ | | ＆＝ | 条件运算符 | （？：） |
| | ＞ | | ｜＝ | 指针运算符 | －＞ |
| | ＝＝ | | ＝ | | － |
| | ！＝ | 逻辑运算符 | ＆＆ | 特殊运算符 | ＆变量名 |
| | ＜＝ | | ｜｜ | | ～ |
| | ＞＝ | | ！ | | |

 新手误区

　　如表 2-3 中有很多运算符长得特别像，新手在使用中经常因为记混而错用运算符，接下来就来介绍如何区分两组十分相近的运算符。

　　＝和＝＝

　　＝的作用是给变量进行赋初值使用；＝＝是判断前后两个变量或变量与某个常量是否相等时使用。

　　＆和＆变量名

　　＆的计算结果是基于符号前后对象的 ASCII 码进行对位与操作后得出的结果；＆变量名是对符号后面变量进行取出内存地址的操作。

## 2.5.2　运算符的优先级

我们都知道在数学运算中，运算顺序是有优先级的，C 语言中，运算符也是分优先级的，运算符可分为 7 个等级。

第一级：数值取反、自增、自减和按位取反。

第二级：乘号、除号、左移等。

第三级：加号和减号。

第四级：所有的关系运算符。

第五级：逻辑与或非和按位与、按位或、按位异或。

第六级：三目运算符。

第七级：赋值运算符。

**技能升级**

运算符位置不同，计算结果不同。执行下列两组语句：int i＝10；int j＝＋＋i；和 int i＝10；int j＝i＋＋；得到的 j 的值是不同的。

＋＋变量名和－－变量名：在变量调用前先执行自增或自减操作，如图 2-10 所示。

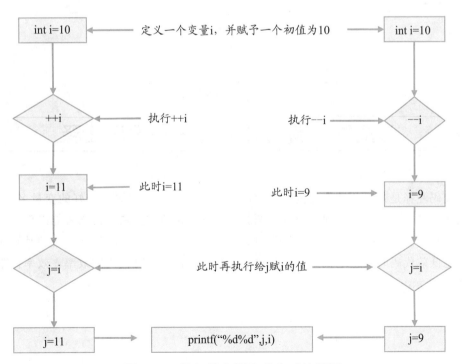

**图 2-10　执行前自增和前自减流程图**

变量名＋＋和变量名－－：在变量调用后再执行自增或自减操作，如图 2-11 所示。

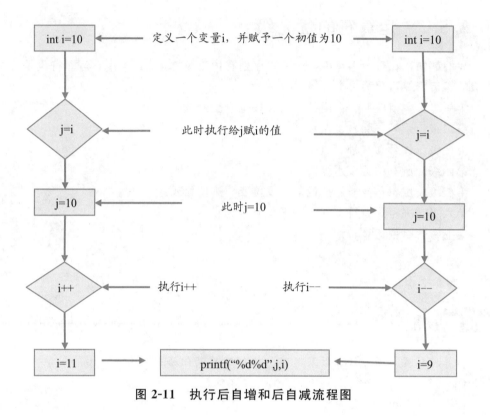

图 2-11　执行后自增和后自减流程图

# 2.6　为重构和调用做准备——代码注释

代码注释是判断开发人员良好习惯的评价标准之一，和取一个好的变量名类似，代码注释的作用是为了在程序出现问题时，能够更快地定位错误代码可能出现的位置而"量身定制"。如果你在编写代码的时候编写了代码注释，你就能在查找代码 bug 和优化低效代码时快速地找到可以优化的代码行，提高编写代码的效率，效率差距如图 2-12 所示。

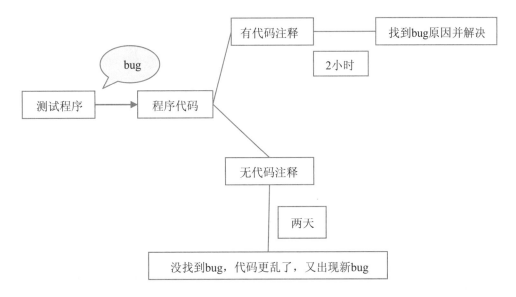

图 2-12　有无代码注释在修改 bug 时的效率对比图

# 2.7　没有规矩，不成方圆——编码也要注意规范

清晰、规范的源程序代码不仅仅方便阅读，更重要的是有助于快速检查错误，提高准确性，节约调试时间，所以编码一定要注意规范。C 语言的代码编写过程中存在很多需要注意的地方，用来规定代码编写内容的要求叫作编码规范。

## 2.7.1　编码的常见错误

由于很多程序员不注意编码规范，导致在后期编译过程中，会花费大量的时间去改正错误，效率变低。我们在编码的过程中经常会犯以下几个方面的错误。

（1）头文件的重复调用，降低程序运行时间。

问题原因：不同的两个头文件都包含另一个相同的头文件，编译器不会自动过滤已经被调用过的头文件，导致相同内容被二次调用。

解决办法：使用 ifndef 开头，中间用 define 去编写预处理，最后用 endif 来结束。

（2）从用户目录开始搜索标准库，降低程序运行效率。

问题原因：使用了没有加限定（<>）的 include 命令，编译器会从用户根目录开始搜索标准库位置，从而降低程序的运行效率。

解决办法：使用 ♯include <标准库名>来引用，而不要用 ♯include 标准库名直接引用。

## 2.7.2 编码规范的注意事项

编码规范是一个标准，我们只有严格按照标准执行，才能最大限度减少错误的发生。编码规范在很多方面都有注意事项，比如头文件的注意事项，程序板式的注意事项等。

### 1. 头文件的注意事项

（1）头文件中只做声明，不做定义。
（2）不在头文件中使用全局变量，降低使用 extern 的概率。

### 2. 程序板式的注意事项

（1）类声明以后，函数定义后加空行。
（2）定义变量时直接初始化变量。
（3）为让程序辨别关键字，在关键字之后增加至少一个空格。
（4）函数名后不加空格，与左括号紧密连接。
（5）"（"之后，"，""；""）"之前不加空格。
（6）"，"之后和不是作为一行结束的"；"之后需要添加空格。
（7）赋值、比较、逻辑、算术、位运算符需要前后添加空格。
（8）"～""！""＋＋""－－"地址运算符和分界符前后不需要添加空格。
（9）分界符需要独占一行，并需要纵向对齐。
（10）下层分界符需要缩进 2～4 个空格。
（11）每行代码应控制在 70～80 字符之间，超过部分应在优先级低的运算符处进行断行，并对新行进行缩进展示，同时新行应以运算符开头。
（12）特殊修饰符应紧贴变量名。
（13）注释适用范围为程序版本、版权、函数接口的声明或重要的代码提示。
（14）注释不要出现在一看就懂的代码行里。
（15）要保证代码和注释的一致性，同时代码要防止注释出现二义性，避免出现歧义。
（16）注释应与被注释代码相邻，并且应位于其上方或右方。

### 3. 命名规则

（1）变量命名规则要与操作系统和开发工具风格一致，如 Windows 采用大小写混排，Unix 则采用下划线连接的方式。
（2）程序中不要出现仅通过大小写区分的标识符。
（3）采用反义词组来表示两个互斥的变量或描述相反动作的函数。
（4）类和函数采用大写开头，变量和参数用小写开头，常量则用全大写且下划线切割单词来表示。

（5）类数据成员用 m_数据名表示。

（6）如想改变运算符的优先级，需要先执行的用小括号括起来。

（7）不要编写太复杂和具有多用途的复合表达式。

（8）布尔变量不能和 True 和 False 以及可以表示相同意思的 0 和 1 做比较。

## 剑指offer初级挑战

　　每个月发工资时都会涉及绩效计算，我们知道绩效工资是由绩点和绩点基准工资两个参数构成。假如职员的基本工资是 3000 元，绩点在 0.8 到 1.2 浮动，绩点基准工资为 2000 元，现在请你计算职员的年平均收入，你该如何利用变量和运算符编写程序来解决这个问题呢？

offer 挑战秘籍：

　　☞ 绩效工资＝绩点基准工资 * 绩点，由于每个月的绩点各不相同，所以我们可以利用数组来存放不同的绩点。

　　☞ 年平均工资＝总收入/12 个月，总收入等于每个月的收入之和。

核心代码展示：

```
# include < stdio. h>
# include < windows. h>
void main()
{
int i,j;
float total= 0;
float average= 0;
float wages[12];
float a[12];
for(i= 0;i< 12;i+ + )
{
  printf("请输入每个月的绩点");
scanf("%f",&a[i]);
for(j= 0;j< 12;j+ + )
{
wages[i]= 3000+ 2000* a[i];
```

```
total= total+ wages[j];
}
}
average= total/12;
printf("%f",average);
}
```

第 **3** 章

# 走向基本语句，为变量增加关联

　　"不积跬步，无以至千里"，这句话告诉我们基础的重要性。做任何事情都要打好基础，编程亦是如此。

　　编写程序的基础是什么呢？就是基本语句的用法。我们只有正确掌握并使用它们才能跟计算机进行"交流"，"命令"计算机完成一些任务，进而解决问题。

　　下面我们就一起探讨 C 语言的基本语句用法，看看它们可以用在什么样的语句环境中，具体有哪些作用吧。

# 3.1　　循环语句

　　循环语句最大的特点就是严谨、不知疲倦。除非不再符合限定的要求，否则无法停止。其中，给定的条件叫作循环条件，反复执行的这个程序叫作循环体。

　　很多程序会使用循环语句完成一些任务，那么循环语句是什么样的构造呢？就像我们表达同一个意思可以用不同的语句表述出来，同样，循环语句也有多种表述方法，具体的表述形式如图 3-1 所示。

图 3-1　循环语句表达方法

## 3.1.1　案例导入——数学计算

　　在我们的工作中时常会遇到需要不断重复同一个过程的事情。举例来说，如果你是一名财务人员，需要计算员工每个月的平均月工资。你的第一选择会是用计算机一个一个输入去计算，然后在 Excel 表中用函数计算吗？可是如果公司有几百个人呢，工作量就会陡然增加，如果一不小心输错数据，则需要全部返工。

　　再比如，一些工程上需要的数据无法用函数计算，因为求算过程比较复杂，不是简单的函数求解就能得到结果。

　　那么，当我们需要大量的数据去证明，我们怎么快速高效地完成任务呢？

　　如果我们学会了编程，上述问题就会变得简单、迎刃而解。利用循环语句，只需要两句编程就可以轻松解决这些问题，而且效率很高。

　　接下来我们就一起看看如何用编程解决这些实际问题吧。

## 3.1.2 数学计算中如何使用 while 循环

解决平均月工资数值的问题，我们首先要理清楚逻辑。

第一步，我们可以简单在脑海中形成一个逻辑图，如图 3-2 所示。

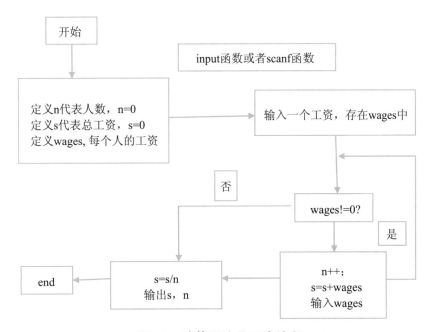

**图 3-2 计算平均月工资流程**

第二步，我们可以按照图 3-2 的流程，算出职员的月平均工资。

现在我们来思考这样一个问题：如何跳出循环体？

在图 3-2 中我们明显可以看出，只要输入数字 0，循环过程就会结束，那么到具体的环境中，我们该怎样编写程序呢？最便捷的方法是给每一句语句添加注释，这样可以更加清楚地明确循环语句所省略的步骤。

在本案例中，如果没有使用循环语句，在设置 scanf 函数时我们只能输入一个数据，如果想要输入多个数据，必须定义多个变量。

使用 while 循环语句之后，我们可以一直输入不同的数据，没有数量的限制，只有条件的限制。while 语句中的表达式是用来设置跳出循环的条件，如果输入数字 0，就会跳出循环过程，执行后面的指令，这样程序就会结束，得到我们想要的结果。

巧妙使用循环语句可以极大提高程序的效率，让程序代码变得更加简洁。

## 技巧集锦

第一，注意 while 语句的使用范围，因为有时候｛｝的使用不当会让我们得出不一样的答案。

第二，谨慎设置跳出循环的范围，比如上述案例，因为不会有人的工资是 0，也不会有人工资为负数，所以也可以使用 wages！＝－1 作为判断条件跳出循环。

第三，分清楚条件语句是包含关系还是并列关系，不同的关系会出现完全不同的结果。

### 3.1.3　while 循环语句

while 循环语句的最大特点就是：先判断你的数值是否在它限定的条件范围内，判断过程如图 3-3 所示。

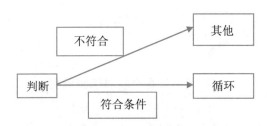

**图 3-3　while 语句判断过程**

1. while 循环的一般形式

while 语句的一般形式为：

```
while(表达式)
{
循环语句;
}
```

2. while 语句的执行流程

while 语句是用来判断是否进入循环，如果给到表达式的值不是 0，符合条件，则程序进入循环体，当我们得到的数值不符合条件时，就退出循环（图 3-4）。

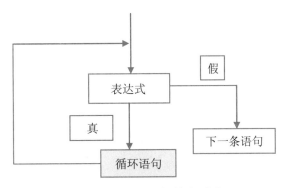

图 3-4　while 语句执行流程

 **新手误区**

使用 while 语句有哪些误区呢？例如：

```
while(1)
i+ + ;
```

这个示例的错误在于程序进入死循环中，表达式的条件永远为 1，所以不会有跳出循环的时候。另外，对于 while 语句来说，{} 就像是它的边界，边界过大或者过小，计算机都可以识别出来，但识别的结果完全不一样，所以要特别注意 {} 的使用。

### 3. while 语句的应用范围

while 语句的使用范围很广，最常见于不限次数的循环过程。因为在解决实际问题的过程中我们很少清楚地知道要计算的数量或者符合条件的数值究竟有多少，所以会经常用 while 语句限制一个条件来进行筛选、计算。

比如判断灯是否点亮，决定开关是否开启等。在数据的筛选、计算、测试等方面，while 语句应用得很广泛，它的便利性得到很多程序员的喜爱。

## 3.1.4　do-while 循环语句

do-while 循环语句，你只要了解它的英文意思就可以和计算机毫无障碍地"沟通"了。它的最大特点就是：不管其他的，先进行循环。只要你的数值在这个条件范围内，它就会执行循环体，无限制循环，直到你的数值不再满足条件就会停止循环（图 3-5）。

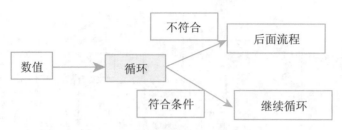

**图 3-5　do-while 语句判断过程**

### 1. do-while 循环的一般形式

do-while 的一般形式为：

```
do
{  循环体语句;  } while(表达式);
```

### 2. do-while 语句的执行流程

执行 do-while 循环语句，一开始数值就进入循环之中，直到给出的数值不再符合表达式的要求，然后退出循环，一般来讲，退出循环之后就很难再一次进入循环体中，除非再一次运行程序（图 3-6）。

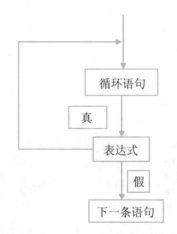

**图 3-6　do-while 语句执行流程**

### 3. do-while 语句的应用范围

在数据的筛选、计算等方面 do-while 语句应用得很广泛。同 while 语句一样，它也可以作为控制语句来控制开关等简单判断，常用于不限制次数的循环体之中。

## 3.1.5　while 语句和 do-while 语句的区别

do-while 语句是先进入循环，然后判断是再一次进入循环体还是结束循环。while 语句的顺序刚好相反。

如果你想让某个数值先进行计算再输出，使用 do-while 语句就是一个最佳的选择。如果你想先得到一个符合要求的数值再进行相应的计算，那么 while 语句就是很好的选择。

## 实力检测

现在到了检验成果的时候了，请你使用 while 语句或者 do-while 语句找出你们公司和你姓氏一样的职员，然后和他们打招呼吧。由于姓氏是字符串类型的，因此会有一定的改变。

部分答案示例：

```
# include < stdio.h>
void main()
{
    int i = 0;
    char name[10];
    printf("Please input name: \n");
    for (i = 0; i <  10; i+ + )
        scanf("%c", &name[i]);
    for (i = 0; i <  10; i+ + )
    {
        while (name[i] ! = 'x' && name[i+1] ! = 'u')
        {
            printf("please continue input the name : ");
            for (i = 0; i <  10; i+ + )
            {
                scanf("%c", &name[i]);
            }
            for (i = 0; i <  10; i+ + )
                    if (name[i] = = 'x' && name[i+1] = = 'u')
                        break;
        }
```

```
        if (name[i] = = 'x' && name[i+1] = = 'u')
            for (i = 0; i <  10; i+ + )
                printf("%c", name[i]);
        }
    }
```

正所谓巧用编程少费脑。使用循环结构可以帮助我们解决很多生活中的小麻烦，编程的思维其实就渗透在我们的生活中。

## 3.1.6　for 语句

for 语句循环次数是已知的，使用 for 语句，可以大大缩短程序运行的时间。

**1. for 语句的一般形式**

for 语句的表达式如下：

```
for(表达式 1;表达式 2;表达式 3)
{
循环语句;
}
```

**2. for 语句的执行流程**

for 语句中，初始状态通常只赋值一次，执行流程如图 3-7 所示。

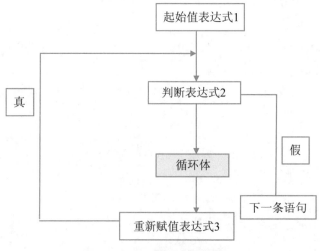

图 3-7　for 语句执行流程

### 3. for 语句的应用范围

for 语句的循环次数有限，所以通常用来计数，可以当作计时器来使用。

其实就难度来说，for 语句的难度要比 while 语句循环大，因为它需要用 3 个表达式来表示限定范围。如果我们选择的数值在某个特定范围内，比如计算某月份使用的电量总量或者某年总收入，一般选择使用 for 语句。

## 3.2　判断语句

判断语句会根据自身设定的条件对接收到的数值给予判断，判断下一步的运行会执行哪个命令（图 3-8）。

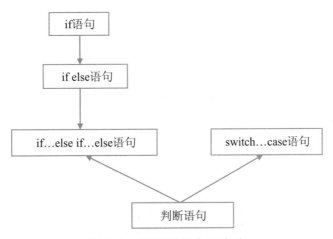

**图 3-8　判断语句表述方法**

### 3.2.1　案例导入——排序问题

在我们日常生活中总是无法避免做出判断的情况，我们要根据接收到不同的信息做出选择。如果你是财务部主管，现在需要对项目进行预算。已知有三种预算方案，要求你选出最优方案。如果使用 C 语言该如何编写程序呢？接下来我们就一起看看怎样判断排序编写程序吧。

### 3.2.2　排序问题中 if 判断的应用

解决预算方案排序的问题，我们首先要理清楚逻辑。

第一步,我们可以简单在脑海中形成一个逻辑图,如图 3-9 所示。

第二步,根据逻辑图编写程序。

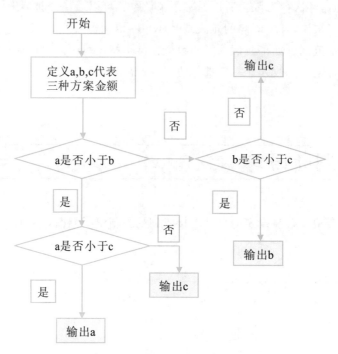

**图 3-9　预算方案排序流程**

解决预算方案排序问题的程序源代码如下:

```
# include< stdio.h>
void main()
{
    int a,b,c,t;
    scanf("%d%d%d",&a,&b,&c);
    if(a< b)
    {
        t= a;a= b;b= t;
    }
    if(a< c)
    {
        t= a;a= c;c= t;
    }
    if(b< c)
    {
        t= b;b= c;c= t;
```

```
    }
    printf("%d,%d,%d",a,b,c);
}
```

　　在工作中，选出最优选择，一般就是涉及最大值和最小值的问题。如果是多个数值进行比较，就需要用 if 语句进行判断，得出最优选择。在本案例中，需要从三个方案中选出预算最少的方案，即找到三个数值中的最小值。if 语句被用来直接判断两个数值的大小问题，得到我们想要的结果。if 语句的应用，使得判断过程清晰明了，有利于我们做出正确选择。

### 3.2.3　if 语句

if 语句是"if 家族"中形式和表达上最容易掌握的判断语句，它只有一个判断表达式。
if 语句的一般形式为：

　if(表达式)

if 语句的执行流程如图 3-10 所示。

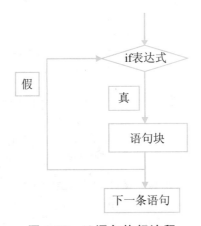

**图 3-10　if 语句执行流程**

## 技能升级

　　要找出考试成绩及格的同学的分数，如何用 if 语句来进行判断呢？
　　if 语句的示例：

```
if(grade> = 60)
{printf("The grade is%d\n",grade);}
```

这种简单的判断被广泛应用于我们的生活之中，比如我们可以用 if 语句来控制电路的开关，如果接收到电信号大于 1，开关打开；如果电信号为 0，则开关闭合。

### 3.2.4　if else 语句

if else 语句延伸出两个分支，每个分支都可以单独执行不同的指令，它的形式为：

```
if(表达式)
  语句块 1;
else
  语句块 2;
```

尤其要注意的是，else 语句不能单独使用，必须跟在一个 if 语句后面。

if else 语句的执行过程如图 3-11 所示。

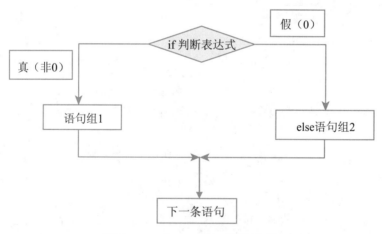

**图 3-11　if else 语句执行流程**

### 3.2.5　if…else if…else 语句

if…else if…else 语句是多分支选择结构，适用于同一事件有三种及以上不同选择的判断，它的一般形式为：

```
if(表达式 1)
    { 语句组 1;}
  else if(表达式 2)
    { 语句组 2;}
  else if(表达式 3)
```

```
        {  语句组 3;}
            ...
 else
        {  语句组 n;}
```

特别要注意的是 else if 之间必须有空格，绝对不能连写。

if…else if…else 语句的执行流程如图 3-12 所示。

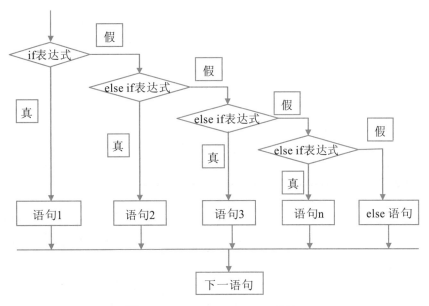

图 3-12  if…else if…else 语句

## 3.2.6  switch…case 语句

switch…case 语句的一般形式为：

```
switch(表达式)
        {  case   常量表达式 1:语句组 1; break;
           case   常量表达式 2:语句组 2; break;
                    ...
           case   常量表达式 n:语句组 n; break;
          [default:语句组;[break;]]}
```

### 3.2.7 if … else if … else 语句和 switch … case 语句的区别

if … else if … else 语句和 switch … case 语句从根本上来说都是多分支判断语句，可以根据情况让每个分支执行不同的指令。

如果我们给定一个数值，if … else if … else 语句在程序运行过程中会一直在多个分支中找到符合限定条件的命令。

switch … case 语句会根据你给的数值直接跳转到相应的 case 语句中，只须访问对应索引项从而到达目的语句，这样就会提高效率，代码看上去也会简洁明了。

使用 switch … case 语句的程序，用 if … else if … else 语句代替总是可以达到目的，反之则不行。

 **实力检测**

接下来请你使用 if … else if … else 语句或者是测试一下你每个月的交通费用吧！已知乘坐地铁时，自然月内超过 100 打 8 折，超过 150 打 5 折，超过 400 不打折，你会怎样设计呢？

部分代码展示：

```
if(i< = 100)
{
    total= i;
}
else if(100< i&&i< = 150)
{
    i= i* 0.8;
}
else if(150< i&&i< = 400)
{
    i= i* 0.5;
}
```

# 3.3 将关系转移的方式

在循环过程中或者在执行程序的过程中，我们想要停止这个操作去执行其他命令该怎样做呢？可以使用关系转移语句，它可以改变程序的执行流程，使程序的执行从当前的位置转移到另一处。关系转移语句有多种表述方法，那么具体的表述形式有哪几种呢？如图 3-13 所示。

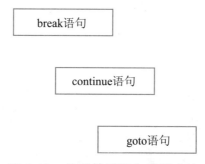

图 3-13  关系转移语句表述方法

## 3.3.1 goto 语句与 if 伴生，遇真就失效

goto 语句又被称为无条件转移语句，意思就是电脑一旦识别到它，就会转移到它指向的位置，并且从该语句处继续执行，没有任何限制。

它的一般形式为：

```
goto 标号;
```

goto 语句可能导致程序的结构性和可读性变差，因此通常都会与 if 语句一起使用。

**新手误区**

有些人会误用 goto 语句，使程序的可读性变差，一起来挑错吧。

```
# include < stdio. h>
void main()
{
    int i,a= 0;
    int s= 0;
    for(i= 0;i< = 100;i+ + )
    {
        s+ = i;
        a= a+ 1;
        if(i< a)
            goto a1;
    }
a1:
    printf("1+ 2+ 3+ …+ 100= %d\n",s);
}
```

程序原本是要计算出从 1 到 100 的累加结果，但是因为 if 语句一直为真，所以程序就失去它的作用了。在多层的嵌套结构中，goto 语句有很大的灵活性，你一定要十分清楚使用 goto 语句是否会失效，否则还是慎用。

## 3.3.2 continue 语句

continue 语句又被称为继续语句。如果是在循环结构中出现，意味着本次循环会提前结束，不再执行 continue 下面的循环，而是进行下一次循环过程中表达式的条件判别。如果符合条件，即条件为真，则会继续执行循环语句。

continue 语句一般形式为：

```
continue;
```

continue 语句流程如图 3-14 所示。

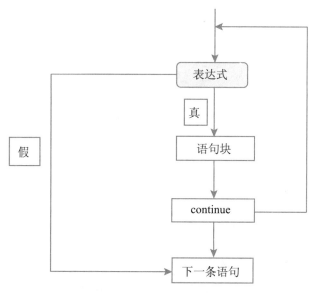

图 3-14　continue 语句执行流程

### 3.3.3　break 语句

break 是用来打断循环的，即终止并跳出循环。break 语句的使用意味着循环的结束。break 语句的一般形式为：

```
break;
```

 **剑指offer初级挑战** ━━━━━━━━━━━━━━━━━

　　假如公司现在要评选优秀员工，要求你设计员工管理系统，完成筛选出优秀员工的任务。优秀员工要求：综合绩效评分要大于 3.75 分，工作年限要三年及以上。名额只有 3 个，全公司共有 150 个人。已知公司综合绩效评分满分为 5 分，公司中有同名同姓的员工，总绩效一样的人至少有 3 个。绩效相同的员工以工作年限长的优先。

　　你会如何利用基本语句编写程序来解决这个问题呢？

offer 挑战秘籍：

　　☞ 公司人数已知，循环次数有限，可以使用 for 语句输入全公司人员的综合绩效评分和工作年限。

　　☞ 使用 if 语句判断筛选出符合绩效评分大于 3.75 和工作年限大于 3 年的员工。

核心代码展示：

```
# include < stdio. h>
# include < windows. h>
void main()
{
    float jxpf[150];
    int time[150];
    int i,j;
    for(i= 0;i< 150;i+ + )
    {
        printf("请输入员工的绩效评分和工作年限(用空格隔开):");
        scanf("%f %d",&jxpf[i],&time[i]);
    }
    for(i= 0;i< 150;i+ + )
    {
        if(jxpf[i]> 3.75)      /* 筛选出绩效评分大于 3.75 的员工* /
            printf("%f",jxpf[i]);
    }
    for(j= 0;j< 150;j+ + )
    {
        if(time[j]> 3)       /* 筛选出工作年限大于 3 年的员工* /
            printf("%d",time[j]);
    }
}
```

# 第 *4* 章

# 巧用宏和枚举实现自由赋值

　　宏定义可以有效提高程序的运行时间，这是因为宏定义是在函数的外部定义变量，在源程序被编译器编译之前，预处理器就已经完成了"宏（macro）"处理。同样，枚举类型在函数外部定义，它在编译器之中预先被编译，因此提高了程序的可读性和移植性，实现了自由赋值。

　　接下来我们就一起探讨宏定义和枚举类型的用法，看看它们在具体的函数中是怎样被巧妙运用的。

## 4.1　宏

宏的使用，可以整体调用一系列常用操作，不需要在函数中再次编写执行这些操作指令的代码。

这些操作可以是一个常量、一个计算表达式、一个字符串、一个数组等。

### 4.1.1　案例导入——宏定义

在我们平常的工作中，常常需要改动数据。有时可能只是一个数据的改动，所有的数据就需要重新计算。

举例来说，如果你是一名建筑工程师，现在要求你计算每个钢筋的周长、面积等数据。钢筋的尺寸相同还好，可是如果每个钢筋的尺寸都不相同呢？我们的工作量会陡然增加。

如果我们使用宏定义的方式实现操作的模板化，就不用在每个函数中寻找半径的数值并进行修改了，从而节约了大量时间。接下来我们就一起看看如何用宏定义解决这些实际问题吧。

### 4.1.2　宏对象在函数中的应用

解决计算钢筋周长、面积的问题，我们首先要理清楚逻辑。

第一步，我们可以简单地在脑海中形成一个逻辑图，如图 4-1 所示。

第二步，根据逻辑图编写程序，然后调试运行程序。

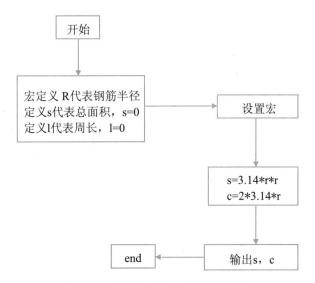

**图 4-1　计算面积、周长的流程**

计算钢筋面积、周长的具体程序代码如下：

```
# include < stdio.h>
# define  PI   3.14159
# define  R    3.1
void main()
{
    float  s,c;
    s= PI* R* R;
    c= 2* PI* R;
    printf("The  square is:%f\n",s);
    printf("The  girth is:%f\n",c);
}
```

在程序中，我们可以看到由于半径这个常量被宏定义，因此我们后面调用它的时候直接调用宏的名字。这样，在修改半径和 π 的精度时不用一一去每个函数中寻找并修改数值，只需修改宏定义的常量就可以，这样不仅简化了代码，而且提高了效率。

 **技巧集锦**

第一，使用宏定义时一定不能忘记"#"。

第二，宏定义结束后不要写"；"。

第三，宏的名字大写，以和普通变量区分开。

### 4.1.3 宏对象在函数中的意义

define 的英文意思是"定义，规定"，用于定义一个可替换的宏。

仍以计算钢筋的面积、周长的案例为例，我们对整个操作过程形成了一个模板，一旦我们需要进行对面积和周长的操作计算，只需要调用模板即可。使用宏定义功能有利于程序的修改、阅读和移植，提高了程序编写速度。

1. 宏的分类

宏定义可分为两类，如图 4-2 所示。

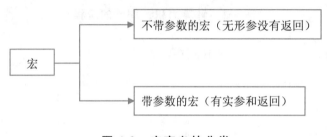

图 4-2 宏定义的分类

2. 无参宏的定义与使用

不带参数的宏定义一般形式如下：

# define 宏名 字符串

♯表示这是一条预处理命令。宏名是一个标识符。

无参宏在实际中可以应用到很多方面，比如符号常量、计算公式，甚至可以用宏定义表示输入和输出函数。

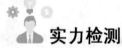

**实力检测**

使用无参宏设计一个求解一元二次方程的过程，看看用无参宏替换公式之后，代码会发生什么样的变化？

部分代码示例：

```
# include < stdio.h>
# include < math.h>
# define D (b* b- 4* a* c)
void main()
{
    float a,b,c;
    float x1,x2;
    scanf("%f%f%f",&a,&b,&c);
    if(D> = 0)
    {
        x1= (- b+ sqrt(D))/(2* a);
        x2= (- b- sqrt(D))/(2* a);
        printf("%f %f",x1,x2);
    }
    else
    {
        printf("No real root\n");
    }
}
```

使用宏定义以后，我们用 D 替换掉原本要输入（b＊b－4ac）公式的地方，简化了程序代码。如果想要修改公式，只须在宏定义中修改即可，这样做既节省了时间，又提高了效率。

### 3. 有参宏的定义和使用

带参数的宏定义一般格式如下：

# define　宏名(形参表)　符号字符串

有参宏可以减少一些常用的简单操作，比如求最大值、最小值的过程中，我们习惯性的操作是编写一个程序，使用 if 语句来判断两个值的大小，如果使用有参宏的定义，一句代码就可以搞定：

# define　MAX(a,b)　(a> b? a:b)

一句宏定义就可以代替 if 语句编写的比较两个值的大小，程序代码被简化了。

### 4. 宏在函数中的作用范围

限制宏定义的作用范围可以使用 ♯ undef 命令：

```
# include< stdio. h>
# define   N   100
# define   D   50
void main()
{
    ...
}
# undef   N
void fun()
{
    ...
}
```

宏 N 的作用域

宏 D 的作用域

由于 ♯ undef 的作用，宏 N 在 main（）函数结束后就终止，因此 fun（）函数中即使调用 N 也不能替换100。宏 D 的作用域从开始定义一直到文件函数，所以可以在本程序的任意一个函数中调用 D，用 D 代表 50。

## 新手误区

在使用宏定义时我们常常会陷入什么误区之中呢？示例如下：

```
# include< stdio. h>
# define  R  5;
void main()
{
    float  h= 3,v;
    v= 3.14* R* R* h;
    printf("v= %f",v);
}
```

这个示例错误的原因在于宏定义后面的"；"符号，宏定义只是简单地替换，在展开时会替换成 v=3.14 ＊ 5；＊ 5；＊ 3，因此无法得到 v 的数值。一定要注意，宏定义不是 C 语言语句，后面不加任何标点符号。

## 4.1.4　使用宏创建一个缺项

这里有一个小任务，需要把员工的名字分配一段指定的空间大小，并返回指向这段空间的指针，你会怎么做呢？毫无疑问，应采取宏定义的方式。

指针分配空间具体程序代码如下：

```
# define MALLOC(n,type)( (type * ) malloc((n)* sizeof(type))
int * ptr;
ptr= MALLOC ( 10,char );
将宏定义展开以后的结果：
ptr= (char * ) malloc ((10) * sizeof(char));
```

在本案例中，如果采用函数的方式，则无法实现这个功能。但是宏定义也不是万能的，过多的宏定义会使程序的可读性变差，在实际的应用中，要灵活掌握。

## 4.1.5　宏保护变量

什么是保护宏？保护宏就是 C/C++头文件开始处的宏判断和宏定义，可以避免该头文件被多次加载执行而导致编译错误的宏。例如：

```
test. h 文件
# ifndef_TEST_H
# define_TEST_H
void test(){
  … }
  # endif_TEST_H
test. c 文件
# include "test. h"
int main(){
return 0;}
```

在运行 test. c 程序时，如果把 test. h 中 ♯define ＿ TEST ＿ H 去掉，那么就会造成重复定义问题。保护宏的作用机制就是当该文件被第一次包含的时候，没有定义宏，那么就会执行保护宏里面的定义。关于保护宏又有什么样的命名规则呢？主要分为以下几个步骤。

第一步，以文件名为基础构建宏名，比如示例文件名为"protect ＿ delay. h"。

第二步，将文件名中的"."转换成"＿"，成为"protect ＿ delay ＿ h"。

第三步，全部字符转换成大写，成为"PROTECT ＿ DELAY ＿ H"。

第四步，最后在前面添加两个"_"，成为完整的保护宏"_ PROTECT _ DELAY _ H"。

## 4.1.6　定义宏时的"坑"

（1）语法。如果不小心在宏定义后面加上分号或者少个圆括号，程序在编译时不会指出是宏的错误，而是指向其他程序语句的错误，大大增加了编程者的负担。

（2）运算符优先级。这个问题主要出现在计算数值方面，由于忘记在宏名后面加上圆括号，导致在计算过程中程序是按照运算符的优先顺序计算，而不是编程者的意图。因此，形参外不要忘记增加一对圆括号。

（3）分号吞噬。在宏定义时，如果字符串是一个函数，很容易出现分号吞噬的问题，我们一般用 do…while（0）语句的形式来解决这个问题。

（4）宏定义的使用范围。如果没有使用♯undef 命令控制宏定义的使用范围，一般认为宏定义是适用于整个程序之中的。所以，如果想要灵活地控制宏定义的使用范围，就要用 undef 命令控制。

（5）宏定义的嵌套使用。如果宏定义过多，容易出现逻辑上的错误，所以要谨慎使用。

 **技能升级**

使用宏定义时为什么会出现吞噬分号的问题呢？do…while（0）语句又是如何解决这个问题的呢？

例如：

```
# define  F(x)  sum1(x);sum2(x)
if (! feral)
F(a);
```

程序被宏扩展以后会出现下面的问题：

```
if (! feral)
sum1(a);
sum2(a);
```

if 语句缺少 {} 边界，sum2（a）不在判断条件中，显而易见，这是错误的。如果用大括号将其包起来问题会解决吗？

```
# define  F(x)  { sum1(x);sum2(x);;}
if (! feral)
F(a);
else
fun();
```

程序被宏扩展以后会出现下面的问题：

```
if (! feral){
sum1(a);
sum2(a);};
else
fun();
```

可以看出 else 语句将不会被执行，依然存在问题。通过 do {…} while（0）就能够解决上述问题，例如：

```
# define  F(x)  do{ sum1(x);sum2(x);}while(0)
if (! feral)
F(a);
else
fun();
```

程序被宏扩展以后：

```
if (! feral)
do{ sum1(x);sum2(x);}while(0);
else
fun();
```

使用 do {…} while（0）构造后可以看出，分号吞噬的问题解决了。

## 4.2　枚举变量

在 C 语言中往往会利用关键字 enum 构造一种数据类型，用于声明这些取值有限的变量，被称为枚举变量。枚举变量标识符对应的整数值，称为枚举常量。

## 4.2.1 案例导入——拨钟问题

在我们的工作生活中，常常会遇到这样的情况，当一个问题的答案在一定范围内，那么我们就会把所有可能的情况一一列举出来，并在其中选择最优方案。

例如，现在有 9 个时钟，排成一个 3 * 3 的矩阵，如图 4-3 所示，需要你用最少的移动，将 9 个时钟的指针都拨到 12 点的位置。你会怎么做呢？

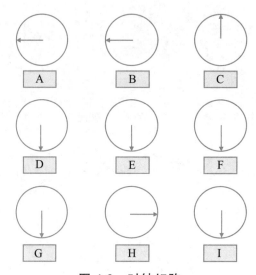

图 4-3　时钟矩阵

已知每次移动会将若干个时钟的指针沿顺时针方向拨动 90°，详见表 4-1。

表 4-1　每次移动影响其他时钟顺序

| 移动 | 1 | 2 | 3 | 4 | 5 | 6 | 7 | 8 | 9 |
|------|------|------|------|------|------|------|------|------|------|
| 影响的时钟 | ABDE | ABC | BCEF | ADG | BDEFH | CFI | DEGH | GHI | EFHI |

输入：从标准输入设备读入 9 个整数，表示各时钟指针的起始位置。0＝12 点、1＝3 点、2＝6 点、3＝9 点。

输出：输出一个最短的移动序列，可以使得 9 个时钟的指针都指向 12 点。然后按照移动的序号大小，输出结果。

输入样例：

3 3 0

2 2 2

2 1 2

输出样例：

4 5 8 9

第一步，我们需要明确操作目的。显然，这个问题的目的就是要求我们需要通过以上 9 种操作，将输入的一个 3 * 3 矩阵变成全 0，并且求出最小的操作数。

第二步，我们需要清楚操作流程。在每次操作时，都会将若干个时钟转动 90°。所以当同一个操作进行 4 次，即时钟转了 360°，相当于没有操作。所以，最多的操作种类一共是 9 种。

```c
# include< stdio.h>
int main()
{
  int station[10],b[10];          /* 数组 b 存放移动次数 * /
  int min;
  int sum;
  int i= 0;
  while (scanf("%d",&station[0]))
  {
    min= 20000;
    for ( i = 1;i < 9;i+ + ) scanf("%d",&station[i]); /* 输入时
                                              钟状态 * /
    /* 时钟移动次数 * /
    for (int i1 =  0;i1 < 4;i1+ + )
    for (int i2 = 0;i2 < 4;i2+ + )  for (int i3= 0;i3 < 4;i3+ + )
    for (int i4= 0;i4 < 4;i4+ + )
    for (int i5= 0;i5 < 4;i5+ + )
    for (int i6= 0;i6 < 4;i6+ + )
    for (int i7= 0;i7 < 4;i7+ + )
    for (int i8= 0;i8 < 4;i8+ + )
    for (int i9= 0;i9 < 4;i9+ + )
    {
      if(!((i1+ i2+ i4+ station[0]) %4) && !((i1+ i2+ i3+ i5+
station[1]) %4) &&
        !((i2+ i3+ i6+ station[2]) %4) && !((i1+ i4+ i5+ i7+
station[3]) %4) &&
        !((i1+ i3+ i5+ i7+ i9+ station[4]) %4) && !((i3+ i5+ i6+
i9+ station[5]) %4) &&!((i4+ i7+ i8+ station[6]) %4) && !((i5+ i7+ i8
+ i9+ station[7]) %4) &&
      !((i6+ i8+ i9+ station[8]) %4))
```

```
        {
            sum = i1+ i2+ i3+ i4+ i5+ i6+ i7+ i8+ i9;
    if (sum < min)
    {
        min= sum;
        b[0]= i1;
        b[1]= i2;
        b[2]= i3;
        b[3]= i4;
        b[4]= i5;
        b[5]= i6;
        b[6]= i7;
        b[7]= i8;
        b[8]= i9;
        }
        }
        }
    for (i= 0;i < 9;i+ + )
    while (b[i]- - )
        printf(" %d",i+ 1);
        return 0;
        }
}
```

## 4.2.2　枚举在拨钟问题中的应用

在拨钟案例中，因为只有 9 个时钟，出现的可能次数有限，所以我们可以使用 9 个 if 判断条件去判断所有的可能性。我们只需要把操作次数求和就可以得到最少的操作次数，然后将操作方案依次记录就可以。

这种把所有的可能结果一一列举出来的方式就是枚举。这种方法的使用大大缩短了我们计算的时间，使整个操作过程清晰明了。在 C 语言中枚举类型又是如何被使用的呢？接下来我们一起去看看吧。

# 4.3　枚举变量的基本操作

在 C 语言中，利用关键字 enum 可以构造一种数据类型，它用于声明一组命名的常数。

枚举类型的一般形式为：

enum　枚举类型名{标识符 1,标识符 2,…标识符 n};

我们往往会给枚举元素赋值，这样在使用枚举变量时只要在函数中调用枚举类型名称就可以在这些元素中取值，不必编写函数去赋予变量的取值。

使用枚举变量可以有效提高代码可读性，便于代码的维护。当同一个变量的范围已经确定，不会经常修改的时候，就可以考虑用枚举，比如一周有 7 天就可以用枚举来实现。

## 4.3.1　声明一个枚举变量

在生活中我们时常见到彩虹，彩虹的颜色只有 7 种，每一种颜色都很美丽。如果每一种颜色都代表一种心情，请你用 C 语言中的 enum 关键字来声明彩虹这个枚举变量。由于操作并不难，因此这里不再提供代码参考。

## 4.3.2　给一个枚举变量进行赋值

众所周知，一周有 7 天，我们可以将每个星期都可以看作一个变量，它的取值只有 7 个。现在请你给星期定义为枚举类型并给其进行赋值。如何给枚举变量赋值呢？程序代码如下：

```
# include< stdio.h>
enum days {Sun= 0,Mon= 1,Tues= 2,Wednes= 3,Thur= 4,Fri= 5,Sat= 6};
void main()
{
    enum days d1,d2;
    d1= Sun;     //给 days 这个枚举类型名赋予变量 d1, d1 只有 7 个取值
```

```
    d2= Sat;
    printf("%d\n",d1);
    printf("%d\n",d2);
}
```

程序运行的结果为 0 和 6，想要给枚举变量赋值，可以直接在枚举元素中完成赋值。同样，你也可以设计 Sun＝1，这是由程序员自己赋予变量元素的值，可以任意。

如果你只给 Sun 赋值，如 Sun＝5，其他元素没有指定，则会根据 Sun 的值后面的元素自动加 1，Mon 为 6，Tues 为 7 等。

## 实力检测

请你使用枚举类型来定义四季〔spring、summer、autumn、winter}，并枚举变量赋值后进行关系运算，你会如何编写程序呢？

答案示例：

```
# include< stdio.h>
enum year{ spring= 1, summer= 2, autumn= 3, winter= 4};
void main()
{
    enum year y;
    scanf("%d", &y);
    if(y> autumn)
    {
        printf("我喜欢冬天\n");
    }
    if(y< autumn)
    {
        printf("我喜欢秋天\n");
    }
}
```

### 4.3.3　调用枚举变量中的数值

我们定义枚举类型就是为了在调用枚举变量时比较方便，不用特意编写程序为它赋值。在具体的程序中我们又是如何调用枚举变量中的赋值的呢？为彩虹的 7 种颜色赋值并调用其中的赋值，程序部分源代码如下：

```
# include< stdio.h>
enum color{ red= 1,orange= 2,yellow= 3,green= 4,cyan= 5,blue=
6,purple= 7};
void main()
{
    int c;
    scanf("%d",&c);
    switch(c)
    {
    case red:printf("red symbol very happy");break;
    case orange:printf("orange symbol very warm");break;
    case yellow:printf("yellow symbol happy");break;
    case green:printf("green symbol peace");break;
    case cyan:printf("cyan symbol OK");break;
    case blue:printf("blue symbol unhappy");break;
    case purple:printf("purple symbol sad");break;
    }
}
```

当我们为变量中的元素赋予了常数值，我们就可以直接调用这个常量代表这个元素。所以，当我们输入数字 1 时，屏幕会显示 "red symbol very happy"，非常简便。

## 剑指offer初级挑战

已知你的工作组包括你在内共有 10 个员工，现在需要制作考勤表。为了节约时间，请你定义一个枚举类型，然后定义一个枚举变量，里面要包括你们每个人的名字并赋值。当我们输入 1 到 10 不同数字时会显示你们每个人的名字，你会如何编写这个程序呢？

offer 挑战秘籍：

☞ 定义枚举变量 staff 并进行赋值，设定枚举变量的取值只有 10 个，只能在有限的范围内进行取值。

☞ 使用 switch…case 语句进行输入选择，输入不同的数值，显示不同的内容，case 语句至少有 10 个。

核心代码展示：

```c
# include< stdio.h>
enum staff{ name1= 1,name2= 2,name3= 3,…name10= 10};
/* 定义枚举类型并对其进行取值范围的限定* /
void main()
{
int  sta,i;  /* 定义枚举变量* /
scanf("%d",&sta);
switch(sta)
{
case name1:printf("name1");break;
case name2:printf("name2");break;
case name3:printf("name3");break;
case name4:printf("name4");break;
…
case name10:printf("name10");break;
}
}
```

第**5**章

# 巧用函数整合零散语句，使语句更加模块化

我们在编程中时常发现，随着程序功能复杂性提高，很多零散语句重复出现，它们实现的是同一个功能。有什么办法可以简化这些语句吗？

使用自定义函数可以有效地整合具有相同功能的代码。自定义函数通过传递参数的方式，既可以保证执行相同操作的代码的精简化，又可以保证每个操作对于数据的差异化要求，使语句更加模块化。

## 5.1　函数

函数是由一段可以执行某一任务的代码所组成，C 语言中有三类函数比较常用：主函数、自定义函数和库函数，如图 5-1 所示。

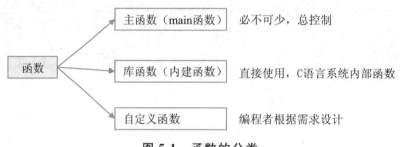

图 5-1　函数的分类

主函数又称 main 函数，它是 C 语言程序必不可少的一个函数，是负责控制具体执行的函数，只有被写进主函数的代码才能被执行。

库函数也被称为内建函数，是 C 语言留给开发人员，让开发人员直接就可以使用的函数。

自定义函数是开发人员自己根据实际工作需求来编写的函数的总称，它非常灵活，可以达到按需编写的目的，如果编程者想要在别的主函数中运用自定义函数，需要在头文件中引入才能使用，使用方法同库函数相同。

### 5.1.1　案例导入——利用递归求阶乘

阶乘是一个数学运算公式，它从初始值开始，在每乘过一次数值后都要对数值进行减 1 操作，然后和减少过后的数据继续相乘，直到运算到乘 1 为止。阶乘在数学运算中算是比较难的，数值越大，我们所要进行的操作次数就越多。但是当阶乘遇到了编程后，就可以轻松实现阶乘的计算。

如果不使用自定义函数，我们通常会按照计算公式编写程序，就像下面这段代码：

```
# include < stdio.h>
int factorial (int iv)
{
    if(iv> 1)
```

```
    {
        return iv;
    }
    else {
        return 1;
    }
}
void main()
{
    int inv, c, re;
    scanf("%d", &inv);
    re= factorial(inv);
    re* = factorial(inv- 1);
    ...
    re* = factorial(1);
    printf("%d", re);
}
```

从这段代码可以看出，当我们计算阶乘的时候，主函数 main 会多次出现 re * = factorial（数值）这行代码，看起来繁琐又复杂。假如计算的数值很大的话，使用这种罗列的方式就不太合适了，效率会非常低。

如果使用递归函数来简化这段代码，阶乘运算的部分源代码如下：

```
# include< stdio.h>
int factorial(int iv)        /* 编写含有递归功能的自定义函数* /
{
    int i, result= 1;
    for(i= 1; i< = iv; i+ + )
    {
        result= iv* factorial(iv- 1);   /* 当函数满足条件时触发递
                                        归,将 iv- 1 传 factorial
                                        继续执行下一轮,直至函数不
                                        满足 if 条件为止。* /

        return result;
    }
    return result;
}
void main()
{
```

```
    int inv,c,re;
    scanf("%d",&inv);
    re= factorial(inv);        /* 调用阶乘函数* /
    printf("%d",re);
}
```

从改造过后的源代码可以看出，我们构造了一个 factorial（int iv）的函数，代码就变得简洁、清晰。

在主函数中只需要调用这个自定义函数就可以实现阶乘，减少了很多不必要的代码，简化了操作流程。

## 5.1.2　递归函数在求阶乘的案例中的应用

在求阶乘的过程中，递归函数起到将代码复用化的作用。例如阶乘案例中的 factorial 函数里，由于对变量 iv 的操作都是一样的，因此就可以使用 if 语句直接在此回到 factorial 函数中继续执行一遍，直到无法进入到 if 条件时，递归函数才终止执行（图 5-2）。

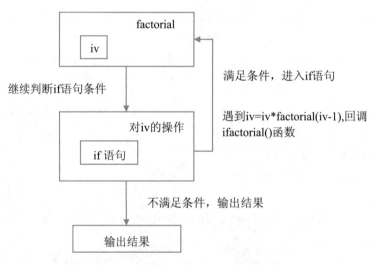

图 5-2　递归函数求阶乘的代码流程图

## 5.1.3　如何增加函数被调用的概率

想要增加被调用概率，函数就必须拥有其他函数体所需要的变量值。当然，变量在函数间的传递有多种方式，下面就来介绍几种函数间相互调用变量的方式。

## 1. 值传递

值传递是针对函数的变量值的一种调用。使用值传递方式的两个函数之间是通过内部函数调用外部函数并将变量值赋值在外部函数的参数位上来进行的传递。

```
# include< stdio.h>
int fun1(int a, int b)
{
    a= a+ 1;
    b= b+ 1;
    return (a+ b);
}
int fun(int x,int y)
{
    return fun1(x, y);
}
void main()
{
    int m, n,k,t;
    scanf("%d%d",&m,&n);
    k= fun1(m, n);
    t= fun(m,n);
    printf("%d\n%d\n", k, t);
}
```

这段代码就完美地实现了函数变量调用时的值传递模式，具体执行过程如图 5-3 所示。

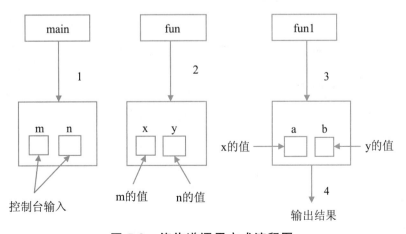

图 5-3　值传递调用方式流程图

## 2. 指针传递

在函数中调用参数的第二种方式就是指针传递法，指针传递的首要条件就是设置的形式参数（以下简称形参）必须为一个指针型变量：

```c
# include< stdio.h>
void sw(int*  a1, int*  a2)
{  int temp;
    temp = * a1;
    * a1= * a2;
    * a2= temp;
}
int main()
{  int m, n;
    printf("请输入待交换的两个整数:");
    scanf("%d %d", &m, &n);
    sw(&m, &n); //交换两个整数的地址
    printf("调用交换函数后的结果是:%d 和 %d\n", m, n);
    return 0;
}
```

从代码上可能无法直观感受到指针传递的过程，具体可参考图 5-4。

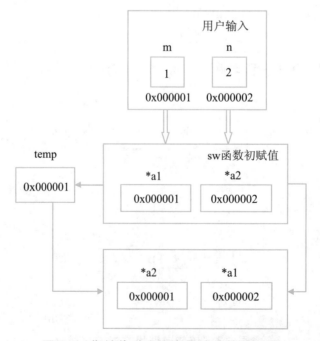

**图 5-4　指针传递交换变量地址的流程图**

### 技巧集锦

第一，指针传递变量交换的是变量的地址而不是变量的值。

第二，指针传递必须有形参的设置，形参是用来传递变量值的首要条件。

第三，形式参数是函数里面必不可少的一个部分，它主要的作用是为了显示函数里面的变量在哪里被调用了，使函数在实际调用时可以直接将实参值传到相应的位置。

## 5.2　函数与零散语句相辅相成

说到函数和零散语句的关系，首先要了解零散语句是什么。零散语句就是那些有简单的循环语句、判断语句和输入输出语句等可以单独出现的语句的一个总称，即 C 语言的基本语句。而函数就是由这些看起来很单一的零散语句进行嵌套、重组整合成的一个有规律、有条件的一个模块。

### 5.2.1　函数的构成

函数是由返回值类型、函数类型、函数的名字、函数需要使用到的变量类型（形参是变量还是指针）、形参的名字和函数体几部分组成。函数的具体构成如图 5-5 所示。

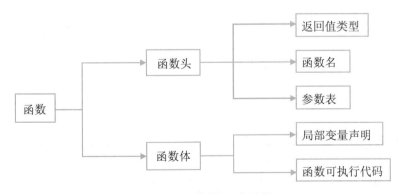

图 5-5　函数的组成结构

## 技巧集锦

第一，在构造自定义函数时，一定要明确函数的功能，要明晰构造函数的目的。

第二，在给函数命名时，应该遵守标识符命名规则，不能使用关键字作为函数名。

第三，构造函数时，可以有多个变量的存在，形参变量的声明一般在函数体内局部声明。

第四，构造函数的函数体中可执行代码只能是 C 语言语句，每个函数的定义都是独立进行的，即函数不能嵌套定义。

## 5.2.2　函数的定义

函数的声明形式为：

> 返回值类型　函数名(参数列表);

函数的定义只需要写明函数头和函数体，如定义一个空函数：

```
void  DelayTime()     /* 函数头* /
{
                      /* 函数体,用来整合零散语句,使之具有一定功能* /
}
```

在函数体之中，添加想要实现的函数功能，这样就完成了函数的定义。我们就可以直接在主函数中调用自定义函数。

## 新手误区

在函数的声明与定义问题上常常陷入哪些误区呢？例如：

```
# include< stdio. h>
void ShowNumber(int b)
int main()
```

```
{
    ShowNumber(a);
        …
}
void ShowNumber(int b)
{
        …

}
```

错误原因是，函数声明后面没有分号。函数声明不是定义，这是一条 C 语言语句，必须有结束的标志，即后面必须有分号。

## 5.2.3　函数的功能

编程需要完成的任务往往很复杂，可能需要成百上千句代码去完成一个功能，但是这样做会使得代码重复率高，程序也不易解读。

当我们引入自定义函数之后，可以把同一个功能分解成不同的模块，把一个复杂的任务分解成简单的程序，每个程序实现不同的功能，使复杂的问题简单化。有利于实现代码的重复使用，提高程序的可读性，更加便于程序的修改和调试。

　技能升级

### 构造函数的功能时需要注意什么？

构造函数是为了使程序便于调试和修改，因此函数的功能必须独立。每个函数实现不同的功能，在调试程序时你会发现工作量骤减。不会存在大量的代码存在于主函数之中，让你无从下手的情况。

函数的规模应该大小适中，如果函数的规模过小，可以考虑直接使用语句。例如，将输入变量值定义为一个函数：

```
int read(int a)
{
    scanf("%d",&a);
    return a;
}
```

这样做其实没有意义，不仅没有简化程序，反而增加了代码量。

函数之间可以相互调用，也可以嵌套调用，但是层次不能太多。一旦层次过多，很容易出现逻辑混乱的情况。

## 5.2.4　函数的分类

如果想对函数有更加清晰的认知，我们就要清楚区分不同函数的类别。不同的函数有各自不同的作用。

从函数定义来看，函数可以分为库函数和用户定义函数。库函数不需要再次定义，只需要调用即可。用户自定义函数就是我们自己编写的函数。

从完成功能角度来看，函数可以分为数学函数、字符函数、字符串函数等。

当然，还有其他分类，这里不再赘述。

 **技能升级**

### 有参函数与返回值的关系

由于有参函数会进行传递数据的任务，因此我们理所当然认为一定会有返回值。其实，两者并没有必然的联系。

如果你需要返回某个数值给到主函数中，那就一定会用到 return 语句返回数值，这个时候不要忘记定义返回值的数据类型。

如果你并不需要返回数值，只是完成某个特定功能，你仍旧可以定义有参函数，一般会用 void 来定义函数类型，但没有使用返回值的必要了（图 5-6）。

图 5-6　有参函数和返回值的关系

## 5.2.5　函数的调用

调用无参函数形式为：

函数名();

调用有参函数时，需要标注实际参数表，一般形式为：

函数名(实际参数表);

可以使用三种方法调用函数，如图 5-7 所示。

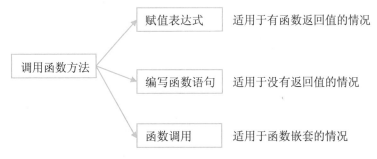

图 5-7　调用函数的方法

（1）使用函数表达式间接调用函数。

函数出现在表达式中，这种方式要求必须有返回值。例如 z＝min（x，y）就是一个赋值表达式，直接把 min（）函数中的返回值赋予变量 z，调用了这个函数。

（2）编写函数语句直接用函数。

这种方式一般用来调用无返回值的函数，直接编写 C 语言语句，在调用函数后面加上分号即可。例如直接在主函数中编写 printf（"％s"，a）；delay（）；语句等。

（3）函数作为另一个函数调用的实参出现。

这种情况适用于函数嵌套的情况，把某个函数的返回值作为实参传入另一个函数的形参，例如 printf（"％d"，min（x，y））；。

# 5.3　　函数的形参与实参

由于在有参函数的调用过程中会进行参数的传递，会减少很多运算过程，实现更多的功能。因此，在自定义函数时，更推荐使用有参函数。

### 5.3.1 函数里不能缺的元素——形参

有参函数，可看出参数是其中最为重要的元素。其中，形参更是承担着传递数据的"任务"，必不可少。

缺少形参，函数的类型就会改变，计算机将无法识别此类型的函数，编译过程会报错。

形参的数据类型可以是整型、实型、指针等，但是形参一定是个变量，不会有确定的数值。形参数据的类型如图5-8所示。

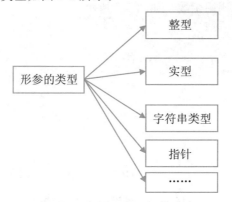

**图 5-8 形参的数据类型**

下面通过一个返回最大公约数的示例对形参进行说明，你会对形参有更加清晰直观的认识。返回最大公约数代码如下：

```
# include< stdio.h>
int main()
{
  int hcf(int a,int b);          /* 声明一个有返回值的自定义函数,函
                                    数作用为求解两个变量的最大公约数* /
  int x,y;                       /* 定义两个实参变量* /
  int z;                         /* 存放两个变量的最大公约数* /
  printf("input the data x and y:\n");
  scanf("%d%d",&x,&y);           /* 输入两个变量的值,即给实参赋值* /
  z= hcf(x,y);                   /* 调用 hcf() 函数,将实参复制给形
                                    参,并得到返回值* /
  printf("the data is: %d\n",z);
}
  int hcf(int a,int b)           /* a,b 为函数的形参变量,数据类型为
                                    整型,定义函数名为 hcf* /
```

```
{
  int t,r;
  if(b> a){t= a;a= b;b= t;}      /* 找出两个变量中数值较大的那个 * /
  while((r= a%b)! = 0)
  {
      a= b;                       /* 利用求余计算找出最大公约数* /
      b= r;
  }
  return(b);                       /* 将最大公约数返回到主函数中,执行
                                   z= b 操作* /
}
```

通过本案例我们可以直观看出形参变量在函数没有被调用之前，没有涉及具体的运算，只是"形式"上的运算，更多地是规定函数执行的功能。

 **新手误区**

在定义有参数的函数时，有时对于形参和实参的模糊概念，我们又常常陷入哪些误区呢？

示例：

```
# include< stdio.h>
int main()
{int add(int a,int b);
int a,b,z;
printf("input the data a and b:\n");
scanf("%d%d",&a, &b);
z= add(a,b);
printf("the add data is:%d\n",z);
}
int add(int a,int b)
{
    int c;
    c= a+ b;
    return c;
}
```

这个示例程序编译虽然可以通过，因为形参和实参是一一对应的关系，但是两者占据的是不同的内存单元，尽管变量名可以相同，但是在调用的时候容易混淆，所以一般不建议定义相同的变量名。

通常，形参和实参出现在不同的函数中，实参是在主调函数中出现，形参是在自定义函数中出现，两者出现的位置有很大不同。

## 5.3.2 函数执行结果的"掌舵人"——实参

在有参函数中，真正对执行结果起决定性作用的是实参。当发生调用函数时，实参将数值传递给形参，形参将实参的值复制到函数中从而得出结果。

实参的表达方式多样，具体表达类型如图 5-9 所示。

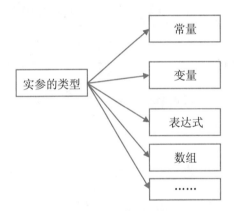

图 5-9　实参的数据类型

下面对返回平均值的具体的案例进行重点分析，然后仔细研究实参控制执行结果的过程，返回平均值的代码如下：

```
# include< stdio.h>
float average(float a, float b);        /* 声明一个有返回值的自定义函
                                        数,函数作用为求两个实型变量的
                                        平均值* /

void main()
{
    float x, y;                         /* 定义两个实参变量* /
    float z;                            /* 存放两个变量的平均值* /
    printf("input the data x and y:\n");
```

```
    scanf("%f %f", &x, &y);          /* 输入两个变量的值,即给实参赋
                                        值,这一步很重要,只有给实参赋值
                                        后才能传递给形参有意义的变
                                        量* /
    z= average(x, y);                 /* 调用 average()函数,将实参
                                        复制给形参,并得到返回值* /
    printf("the average data is : %f\n", z);
}
float average(float a, float b)     /* a,b 为函数的形参变量,数据类型
                                        为实型定义函数名为 average* /
{
    float c;
    c= (a+ b)/2;                      /* 求出两者平均值* /
    return c;                         /* 将平均值返回到主函数中,执行
                                        z= c 操作* /

}
```

通过案例我们可以看出，实参因为有确定的值，所以形参复制过程中才能得到最终结果并返回给主函数相应的数值。实参是具体的，形参是抽象的，可以认为实参是形参的具体化。

## 实力检测

我们都知道实参控制着函数的执行结果，可以定义实参变量然后传入形参之中。假如有很多个类型相同的变量，我们就可以考虑用数组作为函数参数进行数值传递。

现在请你定义一个数组，然后将数组作为实参进行传递，形参得到数值之后将其显示输出。该如何编写呢？

部分答案示例：

```
# include< stdio.h>
void ShowNumber(int iNumber);
void main()
{
    int ch[20];
    int i;
```

```
        printf("input the data:\n");
        for(i= 0;i< 20;i+ + )
        {
            ch[i]= i;
        }
        for(i= 0;i< 20;i+ + )
        {
            ShowNumber(ch[i]);
        }
    }
    void ShowNumber(int iNumber)
    {
        printf("Show the number is %d\n", iNumber);
    }
```

### 5.3.3　有哪些方法传入实参

在调用有参函数时，我们常常采用直接赋值的方法使实参的值传入形参，也会使用指针传递的方法给实参赋值。具体方法如图 5-10 所示。

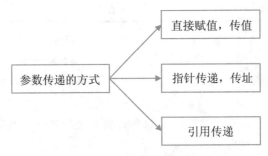

图 5-10　参数传递方法

#### 1. 数值传递

在参数传递过程中，最常见的传递方式就是数值传递。例如，可以利用赋值语句直接给实参赋值，这样在参数传递时，形参也就有了具体的数值，可以计算得出结论。具体过程如图 5-11 所示。

数值传递过程只能单向传递，由实参传向形参。

**图 5-11  数值传递过程**

传递过程中不限于单个变量的传递，还可以是数组作为实参传递或者是字符串的传递过程，但从本质来说，这都属于数值传递的范围。

**2. 地址传递**

指针传递实际上是一种特殊的地址传递，也可以说是间接访问过程。我们并不直接赋予实参数值，而是通过被调函数的形参（也就定义形参为指针类型）接收主调函数实参（也是指针类型）的内存地址，地址内的数值可以是发生变化的。具体过程如图 5-12 所示。

**图 5-12  指针传递过程**

**3. 引用传递**

引用传递实际上也是利用指针传递，被调函数的形参（引用类型）引用主调函数的实参值，实现间接访问。如果单纯的变量已经不能满足我们的需求，需要自己构建类或结构的时候，可以使用引用传递，因为这样不会创建新的对象。

一般而言，当我们传递的实参类型是字符串或者数组类型，都建议传递指针，因为传递的地址明确，不易出错。

 **剑指offer初级挑战** ——————————————

公司需要给一部分人调薪，请统计工资少于 5000 元的员工的人数，然后给他们上调 500 元，已知公司人数不超过 50 人。请设计 4 个函数完成这项任务。这四个函数分别为输入函数、输出函数、统计函数和上调薪资函数，需要注意的是每个函数都是对数组进行操作，所以形参也应该是数组形式，你想好如何编写程序了吗？

offer 挑战秘籍：

☞ 利用数组实现输入输出函数设计，自定义函数可以减少主程序中的代码数量。

☞ 自定义上调薪资函数，由 if 语句进行判断，如果小于 5000 返回人数并增加 500。

核心代码展示：

```
void input(int a[50])          /* 输入函数设计 */
{
  int i;
  printf("输入公司全部人员工资\n");
for(i= 0;i< 50;i+ + )
scanf("%d",&a[i]);
}
  void add(int a[50])          /* 调薪函数设计 */
{
  int i;
  for(i= 0;i< 50;i+ + )
  if(a[i]< 5000)
  a[i]= a[i]+ 500;
}
  int count(int a[50])          /* 统计函数设计 */
{
  int i,k= 0;
  for(i= 0;i< 50;i+ + )
  if(a[i]< 5000)
  k+ + ;
  return k;
}
```

# 拓展篇
## 掌握C语言的核心知识

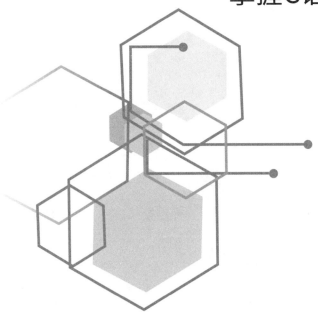

# 第6章

## 巧用预处理，让并行变成可能

在 C 语言中，预处理这个名词很少被提起，但是它的使用率非常高，编写 C 语言程序时，第一个命令就是预处理命令。

相较于其他高级语言，预处理是 C 语言的重要优势之一，也正是因为有它的存在，可以让 C 语言实现多文件运行，让并行变成可能。接下来我们就一起来探索预处理功能的"奥秘"。

# 6.1 用好预处理，并发能力将大大提高

预处理是指在编译工作之前所做的一系列准备工作，它的命令处理过程如图 6-1 所示。

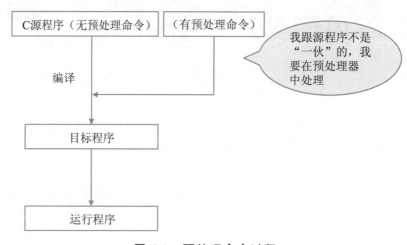

图 6-1　预处理命令过程

用好预处理功能，可以大大提高程序的并行能力，提高程序的可读性。如何提高程序多文件并行运行的功能呢？答案就是使用文件包含预处理命令。

## 6.1.1　提高程序并发能力——文件包含

C 语言中，如何连接多个文件使之形成一个可以编译的整体文件呢？答案就是使用文件包含功能。

文件包含指令（♯include 指令）代表着把指定的文件的全部内容插入该程序中，然后将指定文件和源程序连接成一个源文件。

例如，调用 sqrt 函数时，程序执行时会将 math.h 替换成该函数然后嵌入程序中，此时♯include 相当于连接作用（图 6-2）。

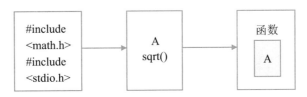

**图 6-2  文件包含指令示意过程**

文件包含指令的妙用在于，可以用一个源文件将另一个源文件的全部内容包含起来从而实现多文件运行，能有效提高程序的并发能力。

### 1. 文件包含的一般格式

文件包含指令的一般格式为：

# include< 文件名> 或者# include"文件名"

一个♯include 指令仅能放一个文件名。

例如：

```
文件 file1.h           /* file1 文件中包含的宏定义等内容* /
# define PI 3.14
# define S scanf
# define P printf


文件 file2.c
# include< stdio.h>
# include"file1.h"     /* 包含文件 file1,这时 file2 可调用 file1 中
                          所有内容* /
                       /* 使用双引号是因为 file1.h 文件是我们自己
                          定义文件* /

void main()
{
    int a;
    S("%d",&a);
    float s= PI* a;     /* 调用 file1 中的宏定义* /
    P("the number is:%f\n",s);
    P("\n");
}
```

为了使系统可以快速找到这些文件，节省查找的时间，我们一般使用尖括号形式。

双引号形式多用于我们自己编写的文件，双引号后面还可以添加文件路径。

### 2. 文件包含的内容

头部文件一般以 .h 为后缀，.h 文件包含的内容如图 6-3 所示。

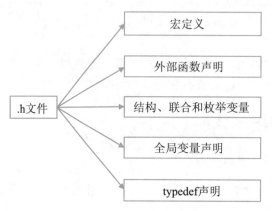

图 6-3　.h 文件包含的内容

使用文件包含提升了程序修改效率，如果在宏定义时使用了文件包含的形式，可以直接调用宏名。

## 6.1.2　文件包含命令的应用

我们在编程时常会遇到这样的情况，我在 file1.h 文件中定义了一个功能函数，可是我想在另一个 file2.c 文件中使用这个函数，难道还要再次定义该函数？这样做既浪费时间又让代码看起来烦琐复杂，我们能不能直接调用它呢？可尝试预处理命令，提高程序多文件并行能力。具体方法如下：

```
文件 file1.h              /* file1 文件中包含的宏定义等内容* /
# define PI 3.14
# define S scanf
# define P printf
void fun();
void beep();
void main()
{                         /* 实现某个特定功能* /
  ...
}
文件 file2.c
# include< stdio.h>
```

```
# include"file1.h"                    /* 包含文件 file1,这时 file2 可调用
                                       file1 中所有内容* /

void main()
{
  int a;
  S("%d",&a);
  float s= PI* a;                     /* 调用 file1 中的宏定义* /
  P("the number is:%f\n,s");          /* 调用 file1 文件中的函数* /
  P("\n");
}
```

## 新手误区

在使用文件包含预处理命令时，我们经常陷入哪些误区呢？

示例：

```
新建一个 file.c 文件。
# define N 100
# define MAX(a,b) (a> b? a:b)
新建一个 file1.c 文件实现两个数的比较功能。
# include< stdio.h>
# include"file.c"
void main()
{
int x,y;
scanf("%d%d",&x,&y);
if(MAX(x,y))
printf("%d%d",y,x)
}
```

这个示例的错误原因在于没有加被包含文件的路径，在同一个主函数中，不会存在两个 .c 文件，所以 file.c 文件应该不在当前目录中，应该在头文件引入中添加路径，改为 # include " c：\\ file. c"。

# 6.2　低调而隐性的预处理

预处理就像一个说话做事都很低调的人，但你可不能忽视它的存在。正是因为预处理功能的存在，才使得编译器的功能更加专一，只负责编译。

预处理命令内容如图 6-4 所示。

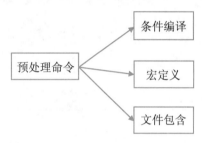

**图 6-4　预处理命令的组成**

宏定义用一个标识符（宏名）来表示常见的字符串或者常量，在调用时会进行简单的替换，便于程序某个数值的修改，可节约时间，程序代码也会变得简洁明了。

条件编译只编译满足条件的源程序代码，减少了内存，节省了编译时间，提高了效率。

## 6.2.1　案例导入——改写字符

工作中时常会遇到改写字符的情况，比如将某个英文单词首字母大写，最常用的方法是删除这个字符重新拼写，如果使用编程语言我们该如何解决这个难题呢？

改写字符程序代码如下：

```
# define LETTER 1
# include< stdio.h>
int main()
{ char str[10]= "english";
  int i;
  i= 0;
# if LETTER
      if (str[0] > = 'a' && str[0]< = 'z')
```

```
        str[0]= str[0]- 32;
# else
        if (c > = 'A' && c < = 'Z')
            c= c+ 32;
# endif
        printf("%s", str);
    }
```

通过改写字符的案例可以看出，我们使用了条件编译的语句，它们都是以♯符号作为预处理符号的命令。

条件编译语句对满足一定条件的代码进行编译，其他不满足条件的代码则不进行编译和运行，大大节省了程序的编译时间，加快了编译速度。

 技巧集锦

第一，预处理命令可以有效提升程序运行效率，节省时间，因为编译预处理是由预处理器来完成的。

第二，预处理命令后面不用使用分号作为结束语，一般往往把预处理命令放在文件的开始位置处。

第三，每个程序都会有预处理命令的存在。

第四，条件编译预处理命令♯if后的表达式无论是什么样的数据类型，都必须是一个常量，因为程序是先编译然后开始运行，无法靠变量来控制运行哪一段程序。

## 6.2.2　条件编译

通常情况下源程序中所有的代码都会按照顺序运行下去，但某些情况下我们可能只需要其中一部分代码内容进行编译，其他部分不做处理。有什么语句可以完成这样的任务呢？预处理器就提供了这样一个条件编译的功能。

通过条件编译，我们可以设置条件让源程序只编译我们需要执行的部分，可以节省运行时间（图 6-5）。

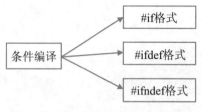

**图6-5　条件编译的三种格式**

### 1. #if 格式

#if格式是条件编译命令的三种基本格式之一，它的一般形式如下：

```
# if 表达式
程序段 1
# else
程序段 2
# endif
```

需要特别指出的是，条件编译虽然有它的优点，但是我们要根据实际工作需求来使用，要谨慎设置。在程序编译阶段，系统不会指出它的语法错误，所以要注意区分它和 if 语句的区别。

### 2. #ifdef 格式

#ifdef格式并不需要具体判断#if表达式中符号常量的值的真假，只需要判断这个符号常量是否被定义，#ifdef的一般形式如下：

```
# ifdef 标识符
程序段 1
# else
程序段 2
# endif
```

### 3. #ifndef 格式

#ifndef格式同样不需要判断符号常量的值的真假，#ifndef的一般格式如下：

```
# ifndef 标识符
程序段 1
# else
程序段 2
# endif
```

例如：

```
# ifndef def1          /* 标识符为 def1* /
# define def2 3
# else
# define def2 4
# endif
```

♯ifndef 格式和♯ifdef 格式相反，如果♯ifndef 后面的表达式没有被♯define 命令定义过，就执行程序段 1 命令，否则执行程序段 2 命令。

 **实力检测**

条件编译是根据对某个常量的判断来选择执行哪一个语句段，会节约编译时间。如果要求你使用条件编译命令对三个数值进行排序，数值排序可以是从小到大，也可以从大到小，你会如何编写程序呢？

部分答案示例：

```
# include< stdio.h>
# define F 0
void main()
{
    int a,b,c;
    scanf("%d%d%d",&a, &b, &c);
# ifndef F
    if(a> b)
    {
        int t= a;a= b;b= t;
    }
    if(a> c)
    {
        int t= a;a= c;c= t;
    }
    if(b> c)
    {
        int t= b;b= c;c= t;
    }
```

```
# endif
}
```

无论 F 的值是 0 还是 1，都不影响最后结果，因为它只判断 F 是否被定义，如果没被定义就会执行 a，b，c 从小到大的顺序排列。

### 6.2.3　宏定义

宏定义用一个标识符表示一系列常用的操作，然后作为一个整体进行保存，需要的时候调用宏的名字即可，通常为一个字符系列。宏定义的一般格式为：

```
# define 标识符　字符串
```

宏定义的作用是在编译之前，预处理程序把程序中出现的标识符用字符串进行替换，不涉及语法检查。宏定义替换过程如图 6-6 所示。

图 6-6　宏定义替换过程

 **技能升级**

#### 宏定义和条件编译的关系

在条件编译中，有两种基本格式都是根据是否定义某个字符串来判断编译的程序段。可以说，宏定义和条件编译是相辅相成的关系。

条件编译中，#if、#ifdef 和 #ifndef 形式必须有宏定义的存在，需要定义一个常量或者是符号常量作为判断条件，需要配套使用，否则没有使用的必要（图 6-7）。

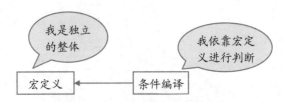

图 6-7　宏定义和条件编译关系

宏定义可以单独使用，以减少很多重复操作的步骤，便于程序的修改。同样，使用 #ifdef 等命令来保护宏定义，可防止宏被二次定义而出现错误。

因为两者在编译过程中并不会进行语法检查，所以有错误也无法报错，只能自己谨慎设置，多加检查。

## 6.2.4 预处理的优点

预处理命令虽然"低调"，但是很有优势。预处理命令分为三种，每种命令的优点各不相同，具体优点如图 6-8 所示。

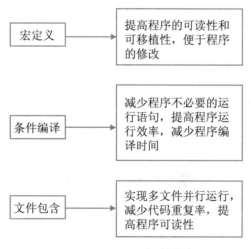

**图 6-8 预处理命令优点**

合理使用预处理命令，可以提高程序代码重复性，可以使代码变得清晰简洁，有利于提高程序的可读性和程序移植性。所有的预处理命令都是以"#"符号开头用来区分其他类型命令。

 **技能升级**

**预处理命令及其用途**

预处理命令有 11 种不同的指令，预处理命令指令的分类以及用途见表 6-1。

表 6-1  预处理命令指令分类以及用途

| ＃include | 包含一个源代码文件或者是库函数文件的头文件 |
|---|---|
| ＃define | 定义一个宏 |
| ＃undef | 取消已定义的宏 |
| ＃if | 如果给定条件为真，则编译下面代码 |
| ＃ifndef | 如果宏没有定义，则编译下面代码 |
| ＃elif | 如果前＃if条件不为真，当前条件为真，则编译下面代码 |
| ＃endif | 结束一个＃if…＃else条件编译块 |
| ＃error | 停止编译并显示错误信息 |
| ＃pragma | 设定编译器的状态 |
| ＃line | 显示 _ LINE _ 和 _ FILE _ 的内容，即行号和内容 |

## 6. 2. 5  预处理命令使用注意事项

使用预处理功能时，我们需要注意以下几点。

（1）注意拼写错误检查。由于预处理命令是在预处理器中被处理，因此系统不会检查出它们的语法错误。拼写错误的检查只能自己人工进行检查。如果程序中出现不明原因的错误，可以检查宏定义、条件编译等命令是否拼写有误。

（2）不可过量使用。预处理命令的应用可以减少某些复杂代码的重复拼写，有的程序员通篇使用宏定义，导致程序的可读性变差。对于预处理命令的使用，应该遵循适量原则，在不影响程序可读性的情况下适量使用。

（3）标识符一般应大写。在预处理命令中，那些标识符要符合 C 语言的命名规则，不能和关键字重名。除此之外，为了和一般变量区分，一般都保持大写。

 剑指offer初级挑战 ━━━━━━━━━━━━━━━

假如现在有一项工程分为多个模块，需要交给多个程序员分别完成。你需要完成的功能是对一个字符串实现简单的操作：所有的大写字母＋1显示，小写字母保持不变，将 a，b，c 变成某姓氏的缩写，如果没有 a，b，c，则执行大写字母＋2 显示，然后输出这个字符串。已知你负责的是某个功能，需要编写多个文件然后进行整合，因此需要用到文件包含命令。此外，还需要宏定义声明和外部函数的运用。

你会如何利用预处理命令编写程序解决这个问题呢？

offer 挑战秘籍：

☞ 如果字符串中存在某些字符执行一个操作，不存在执行另一个操作，可以选择条件编译这个预处理命令进行编译，可提高运行速度。

☞ 大写字母＋1 操作可以利用 ASCII 码进行变化，a，b，c 变成某姓氏缩写则可以利用 if 语句进行单个字母的转变。

核心代码展示：

```
# ifndef FLAG           /* 字母 abc 开始变化* /
for(i= 0;s[i]! = 0;i+ + )
{
    if(s[i]= = 'a')
      s[i]= 'g';
  else if(s[i]= = 'b')
      s[i]= "v";
  else if(s[i]= = 'c')
      s[i]= "y";
else if(s[i]> = 'A'&&s[i]< = 'Z')
s[i]= s[i]+ 1;
  else
    s[i]= s[i];
}
# else
for(i= 0;s[i]! = 0;i+ + )
{
if (s[i]> = 'A'&&s[i]< = 'Z')
s[i]= s[i]+ 2;
}
# endif
puts(s);
}
```

# 第 **7** 章

## 巧用函数库，实现代码"变薄"

　　C 语言系统中提供系统文件，即库文件。这些库文件中定义了很多标准函数，比如 printf()、sqrt()、scanf()函数等，它们被放在函数库之中。如果我们想要调用这些库函数，系统只需要去函数库中寻找即可。

　　那么，我们能不能把自己编写的某个自定义函数也放进函数库中呢？当然可以。自己建立用户函数库可以极大程度地减少代码重复的问题，实现代码"变薄"。接下来我们就一起探讨函数库的使用方法。

## 7.1    函数库增强复用性，减少重复代码

所谓函数库呢，就是用户自己内部使用的函数集合。函数库的内容十分丰富，如图 7-1 所示。

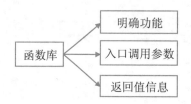

图 7-1    函数库组成部分

随着程序功能需求的增加，C 语言源程序也越来越复杂。如果把所有函数写进同一个源文件中，我们会发现代码显得臃肿而庞大，编译和调试过程也会变得异常艰难。因此，需要建立函数库实现不同自定义函数的调用，以减少代码数量。

该如何减少重复的代码，使得程序更有逻辑和严密性呢？答案就是使用函数库。

虽然头文件本身不包含专程序的逻辑实现代码，但是链接器也可以根据头文件的"描述"去找到需要调用的函数。头文件可以被简单地看作一个小型的函数库，所以头文件的使用也可以提高程序的可读性，减少代码数量。

### 7.1.1    案例导入——引用函数库

函数库是由 C 系统自身建立的具有某些功能的函数的集合，里面存放着很多系统的功能函数，如果我们需要调用这些函数，只需要引入这些函数所在的源文件的头文件即可。

C 语言本身的代码体系中没有设计输入输出的语句，如果我们想要输入一句话，只能调用 scanf（）函数来实现。我们没有定义过这个函数的功能，甚至都没有声明过这个函数，为什么可以调用 scanf（）函数呢？因为函数库中有它所有的信息，当我们调用函数时，可以从函数库中找到实际的定义代码。

### 7.1.2    函数库的应用

在编写程序的过程中，我们如何使用函数库来减少代码呢？下面来看 main 文件

是如何引用函数库的，具体过程如图 7-2 所示。

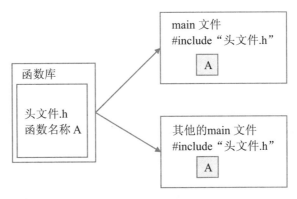

**图 7-2　函数库使用过程**

从引用函数库的过程我们可以看出，函数声明等信息被包含在函数库中，当 main 程序想要调用这些信息时，只需要使用♯include 命令将头文件包含进来即可。这样做可以减少代码的重复性，提高程序的可移植性。

 **技巧集锦**

第一，C 系统提供开发人员使用的函数再引入头文件以后就可以直接调用，头文件也不需要程序员自己编写。

第二，C 语言的库函数并不属于 C 语言，它不是 C 语言基本语句，它是由编译程序根据用户的需要编制的一组程序。

# 7.2　写好头文件，弊病远离你

头文件是我们获得程序功能信息最快捷、直接的办法。通过头文件，我们可以迅速获得程序中用到的宏定义、枚举变量、全局变量、自定义函数等全局信息。然后根据这些信息判断程序要实现什么样的功能，使得程序的结构框架一目了然。

当我们写好头文件以后，不仅 main 程序会因此变得简洁易懂，而且你的逻辑思维也会随着整体框架的搭建逐渐变得清晰。所以，写好头文件至关重要，它会让你远离编写程序时的弊病。

## 7.2.1 程序桥梁——头文件

什么是头文件呢？头文件就是♯include 命令后面的 .h 文件。我们在引用头文件时会不禁想，它是不是只有函数库里规定的那几种标准头文件呢？其实这个问题答案在程序之中就有所体现，我们可以自己编写头文件。

头文件是联系 C 文件与 main 程序的"桥梁"。通过头文件，main 程序可以快速获得 C 文件中的全部内容并加以调用。如图 7-3 所示。

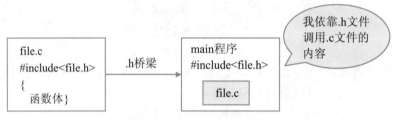

**图 7-3 .h 文件的桥梁作用**

我们可以根据 C 文件编写相应的头文件并加以引用。一般头文件的写法如下：

```
test.h 文件
# ifndef _TEST_H_
# define _TEST_H_
```

♯ifndef _ TEST _ H _ 和♯define _ TEST _ H _ 以及♯endif 指令可以说是头文件的"标配"，这些预处理命令语句的使用避免了重复定义的错误。

需要特别注意的是，♯ifndef 这些预处理命令后面头文件名称要大写。

头文件要根据模块所实现的功能来命名，一般来说要避免在同一个程序中有两个相同名字的头文件。头文件中的内容可以有除了函数定义以外的其他内容。

## 7.2.2 头文件的应用

源文件如何有秩序地连接成一个整体，是构建程序框架的关键。比如，现在要完成这样一个任务：当红灯亮时，屏幕上显示暂不通行。当绿灯亮起，屏幕上显示可以通行。控制灯亮和屏幕显示的功能都是单独的模块，那么有没有什么办法使程序框架更清晰呢？要解决这个问题，可以通过使用头文件的方法，头文件引用具体代码如下：

```
lcd.h 文件
# ifndef _LCD_H_
# define _LCD_H_
```

```
void Show();                    /* 函数声明 */
# endif
lcd.c 文件
# include< stdio.h>
# include< lcd.h>               /* 引用 lcd.h 文件中的函数声明等信息 */
void Show()
{ … }                          /* Show()函数定义,控制屏幕显示 */
led.h 文件
# ifndef _LCD_H_
# define _LCD_H_
# define PI 3.14                /* 宏定义,也可以添加结构变量等信息 */
void fun();
# endif
led.c 文件
# include< stdio.h>
# include< led.h>               /* 引用 led.h 文件中的函数声明等信息 */
void fun()
{ … }                          /* fun()函数定义,控制灯亮 */
main.c 文件
# include< stdio.h>
```

通过以上头文件的使用案例可以看出，分模块编写不同功能的 C 文件，然后通过引用对应的头文件（.h 文件）的方法，可以使程序的功能一目了然，我们在分模块进行功能调试时也会更加方便，不会毫无头绪，别的程序员在解读你的程序时也会更加容易。

此外，头文件中还会存放一些常见的代码，这样在引入头文件时可以极大程度减少代码的重复性。

## 技能升级

我们已经知道，程序员自己引用系统之中提供的头文件是比较简单的，不用编写头文件，直接引用即可。那么，你知道我们经常引用的函数库中的头文件有哪些吗？常见的 15 种标准头文件见表 7-1。

表 7-1　常见的标准函数库提供的头文件功能

| | |
|---|---|
| <math. h> | 数学函数 |
| <stdio. h> | 输入输出函数 |
| <string. h> | 字符串函数 |
| <stdlib. h> | 功能函数，内存管理、随机分配函数 |
| <float. h> | 浮点数类型的极限 |
| <locale. h> | 本地化工具 |
| <ctype. h> | 字符处理函数 |
| <assert. h> | 条件编译宏，将参数和零比较 |
| <error. h> | 报告错误条件的宏 |
| <setjmp. h> | 非局部跳转 |
| <signal. h> | 信号处理 |
| <stdarg. h> | 可变参数 |
| <stddef. h> | 常用宏定义 |
| <time. h> | 时间、日期工具 |
| <limits. h> | 基本类型的大小 |

## 7.2.3　头文件的编写

工作中经常会发现这样有趣的现象，在同样完成一个大型项目时，有的程序员写的代码逻辑清楚严密，一个程序中分成几个模块，由几个源文件组成，具有很高的可读性，看起来层次分明。但是有的程序员编写的代码密密麻麻，只有一个源文件，通篇读下来还是没有明白程序的功能架构。他们的差距就在于后者没有写好头文件。

头文件有如此重要的功能，到底该如何编写头文件呢？编写头文件时一般分为以下流程，具体如图 7-4 所示。

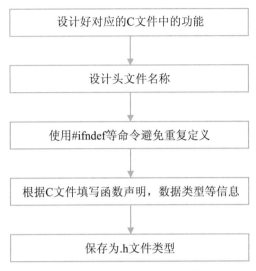

**图 7-4　头文件编写流程**

在 C 语言中，有一个可以实现显示数字功能的 lcd. c 文件，我们接下来就尝试编写它相对应的头文件（lcd. h 文件）。

第一步，找到这个 C 文件，C 文件代码如下：

```
lcd.c 文件
# include< stdio.h>
# include< lcd.h>
void Show()
{ int a;
  scanf("% d",&a);
  float s= a* PI;}
```

第二步，将头文件命名为 lcd. h。

第三步，使用♯ifndef 等命令避免重复定义，代码如下：

```
lcd.h 文件
# ifndef _LCD_H_
# define _LCD_H_
# endif
```

♯ifndef 预处理命令是为了避免重复定义，文件名要保持一致，改为大写。

第四步，填写 lcd. c 文件中的函数声明和宏定义，即为完整的头文件，这样我们就编写好了一个头文件。代码如下：

```
lcd.h 文件
# ifndef _LCD_H_
# define _LCD_H_
# define PI 3.14
void Show();
int fun(int a, int b);
# endif
```

我们把编写好的头文件保存起来，然后添加到工程当中去，当我们在主程序中调用时，只需要使用＃include＜lcd.h＞命令即可。

 **新手误区**

在编写头文件过程中，虽然可能只有几行代码，但是会有不少程序员在这方面出错，他们陷入了哪些误区呢？示例：

```
test.h 文件
# ifndef _TEST_H_
# define _TEST_H_
# define N 100               /* 宏定义 */
enum Weekday(Mon,Tues,Weds,Tur,Fri); /* 定义枚举变量 */
void Show()
# endif
```

这个示例错误的原因在于，函数声明后面没有分号。

## 7.2.4　头文件的注意事项

在编写头文件时我们要额外注意以下几点。

（1）一般在对应的.c文件中写变量、函数的定义。在实际的应用当中，除了main.c（主函数）函数之外，一个工程中是可以同时存在多个.c文件的。每个.c都会有一个或多个函数的定义从而完成一定的功能，可文件都必须单独形成一个源文件，防止功能的混杂。比如，我们可以编写led.c文件实现流水灯的功能。这样我们在修改、调试、编译程序时可以快速找到对应的版块加以验证。

（2）.c 文件和 .h 文件是相互对应的关系，如图 7-5 所示。

**图 7-5　.c 文件和 .h 文件的关系**

（3）如果有数据类型的定义和宏定义，请在头文件（.h）中声明和定义。为了减少主函数的代码数量，一般在 .h 文件中进行宏定义和枚举变量等结构体的声明。单独把这些变量类型放在 .h 文件中，有利于程序的修改。如果我们需要修改这些变量，不用去主程序中一一寻找，只需要在头文件中修改即可。

（4）我们知道在某些时候宏定义是会被重复声明造成头文件被重复包含的情况，为了避免这种情况的发生，不要忘记在 .h 文件中加上宏保护命令。

 **实力检测**

现在有一个大型项目，需要用到 led 灯模块、蜂鸣器模块和显示屏模块。你负责其中的蜂鸣器的示警功能，一旦数值超过某个界限，蜂鸣器发出声响。你要将这个模块单独整理出来，独自形成一个 C 文件，你会如何编写 lcd.C 文件并和 main 程序进行"联系"呢？

答案部分示例：

```
beep.h 文件
# ifndef _BEEP_H_
# define _BEEP_H_
# define TEMP 30          /* 宏定义,也可以添加结构变量等信息* /
void fun();
# endif
led.c 文件
# include< stdio.h>
# include< led.h>         /* 引用 led.h 文件中的函数声明等信息* /
void fun()
{ int a;
if(a> = 20)              /* fun()函数定义,控制温度数值* /
  {
  ...
```

```
        }
    }
main.c 文件
# include< stdio.h>
# include< math.h>
# include< beep.h>
void main()
{            }
```

## 7.3 重构代码，让功能更直观

在一个大型项目中，我们需要编写的程序代码数不胜数。可能只是其中的一个功能，我们就需要编写无数的函数代码。为了使代码看起来更加简洁，我们通常会把一个程序拆分成几个源文件，每个源文件都可以实现一定的功能。如图 7-6 所示。

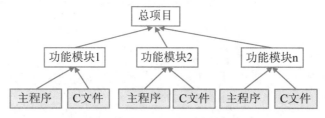

图 7-6 模块和主程序之间的关系示意

这样总—分—总的形式结构会使程序功能更加直观，程序框架也易于处理。所以，我们要学会以分模块的思维来重构代码，使代码更加简洁，让功能更加直观。

但是也要注意，程序的功能模块大小规模要适当，如果一个 C 文件中仅有一个函数定义，就没有必要单独设置一个 C 文件了。

## 剑指offer初级挑战

假如公司餐厅要开发一个点餐系统，该系统需要完成这样的任务：员工可以直接在手机上点餐，输入菜品序号扫码即可获得餐品。系统包括屏幕显示模块，按键点餐模块，数据计算模块三个部分。你负责其中的数据计算模块部分：输入菜品序号，计算出总价格。要求：代码清晰简洁，可以方便修改菜品单价，可独立成为一个整体。

你会如何利用头文件的方式编写这个模块的代码呢？

offer 挑战秘籍：

☞ 利用头文件的方式，代表该模块是独立的模块部分，可以使用 .h 文件的形式。

☞ 计算出菜品总价格，需要利用数组一次性输入多个相同数据类型的数据。

核心代码展示：

```
jisuan.h 文件内容
# define 内容
功能函数等内容
float add()
{
  for(i= 0;i< 10;i+ + )
  {scanf("%f",&a[i]);
  total= total+ a[i];
  return total;}
}
jisuan.c 文件
# include < stdio.h>
# include < jisuan.h>
int main()
{
d= add();
}
```

# 第 **8** 章

## 巧用数组技巧，让程序变得饱满

在数学计算中，我们常常使用数学结合律公式，把相同的项结合在一起从而让复杂的运算变得简单。同样，在编程中也有这样一种方式，那就是使用数组。

数组可以让编程变得简单，这是因为数组的应用使得相同类型的数据能够使用同一个变量名称，减少了变量名的数量，从而让我们对数据的操作变得更加简单。接下来我们就一起探秘数组是如何让程序变得更加简便的。

# 8.1    数组令人惊叹的承载能力

我们在平常的工作中总会使用一些"小窍门"，让原本复杂的事情变得简单，减少自己的工作量，达到事半功倍的效果。

同样，在编程过程中我们也可以使用某些简便的方法，让程序变得简单，比如数组的应用。数组有很强大的承载能力，它可以存放多种类型的元素，比如指针、字符等。多种数据类型的元素都可以用数组来表示，这就赋予了数组极大的承载能力。根据数组中存放元素的数据类型，数组可以分为多种类型，如图 8-1 所示。

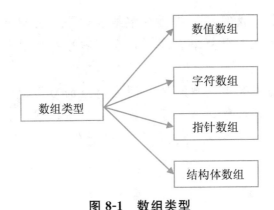

图 8-1    数组类型

## 8.1.1    案例导入——求和计算

我们在工作当中时常会遇到多个数据求和的情况，比如计算公司所有员工月薪的总和。这里以选取 5 员工为例，他们的月工资分别为 5201、6125、5578、6511、7001，求这 5 名员工的月薪总和以及月平均工资。

按照编程的通常做法，我们首先会使用 5 个变量进行赋值，然后计算这 5 个变量的总和以及平均值。求和代码如下：

```
# include< stdio.h>
int main()
{
```

```
    int a, b, c, d, e;
    int s = 0;
    float v;
    scanf("%d %d %d %d %d", &a, &b, &c, &d, &e);
    s= a+ b+ c+ d+ e;
    v= s/5;
    printf("the total is %d\n", s);
    printf("the average number is%f\n", v);
    return 0;
}
```

通过以上代码可以看出，在此案例中我们首先定义了 5 个变量赋予工资的值，然后进行计算。如果员工的数量增加，相应的变量的数量也要增加，一不小心就会弄混变量名称，还过多占用了变量内存。我们有没有办法消除这种弊端呢？利用数组就会大大减少这种隐患，利用数组求和代码如下：

```
# include< stdio.h>
int main()
{
    int a[5], i;          /* 定义一维数组 a[5],存放 5 个员工工资数据* /
    int s = 0;
    float v;
    for (i= 0; i< 5;i+ + )
    {
        scanf("%d", &a[i]);
        s= s+ a[i];
    }
    v= s / 5;
    printf("the total is %d\n", s);
    printf("the average number is %f\n", v);
}
```

我们利用数组的特性，将 5 人的工资分别存储在数组的不同单元内，从而可以通过调用数组下标实现不同数组元素之间的计算，减少了变量名称。

## 8.1.2　数组的应用

通过工资求和计算的案例，我们可以看出使用数组的优势。

第一，我们不必定义不同的变量 a，b，c，d，e 给工资赋值，而是 5 个工资数据使用了同一个数组名 a []，只需要引用数组下标就可以完成赋值。

第二，数组中拥有多个相同类型的数值，除了可以进行赋值操作，还可以进行一定的关系操作，极大程度地减少了变量名的数量，简化了程序。

数组究竟是如何减少我们的工作量的呢？数组中的元素的个数由编程者自己设置，即每个数组中可以包含几十个甚至上百个数据。所以即使我们需要使用的数据有很多个，也不用担心它们无处存放，一个数组就可以全部容纳。

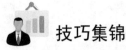 **技巧集锦**

第一，在 C 语言中，如果想要对数据进行一定操作，需要变量来引用。没有变量的存在，想要对某个数据进行操作，几乎不可能。

第二，在数组中，数据类型是指数组下标变量（数组元素变量）所代表的数据类型。

第三，数组名是一个标识符，遵循 C 语言标识符命名规则。

第四，数组中的元素变量在赋值时仍旧需要使用 & 符号来标明地址，当我们赋值时只要写明数组下标即可。

第五，数组中的每个数组元素都可简单看为一个变量，数组是相同类型的变量的集合。

# 8.2　一维数组行天下，最精简的数组类型

数组可以用不同下标来表示同一属性数据的变量，具有很大的灵活性，因此被广泛使用。数组分为一维数组、二维数组和多维数组。

一维数组依靠什么样的优势可以行走天下，占据大半江山，受人喜爱呢？因为它向计算机申请了 n 个连续的存储单元，方便储存所需数据，极大程度地满足了程序员对数据的需求。

当我们想要调用存储单元的数据进行某些操作时，或者给存储单元内的数据赋值时，只需要操作对应的下标变量即可。一维数组的下标变量与存储单元和数据之间的关系如图 8-2 所示。

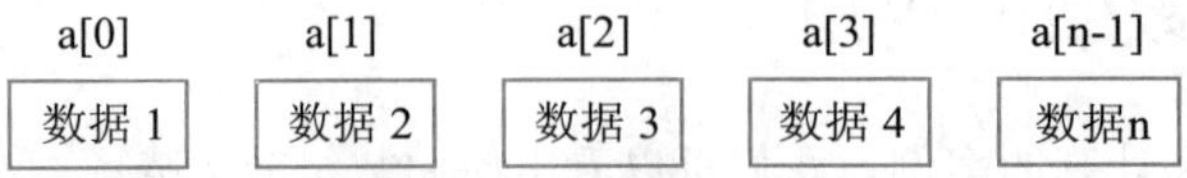

| a[0] | a[1] | a[2] | a[3] | a[n-1] |
|------|------|------|------|--------|
| 数据 1 | 数据 2 | 数据 3 | 数据 4 | 数据 n |

**图 8-2　下标变量与存储单元和数据之间的关系**

通过图 8-2 可以看出，每个下标变量仅仅对应着一个数据，结构类型简单直接，所以一维数组是最容易被我们掌握的，也是最精简的数组类型。

## 8.2.1　一维数组最精简

一维数组的功能很重要，承担着承载多个数据的重任。但是一维数组的结构十分简单，那么一维数组究竟是什么样的形式呢？结构到底有多简单呢？

数组中的元素只带有一个下标的数组被称为一维数组，它的一般形式为：

类型说明符　数组名[元素个数]

其中，类型说明符表示数组中所有元素的数据类型，可以是 int、long、char、float 等。

元素个数代表数据长度，只能是整型常量，也可以是符号常量。例如 int a [10]，数组之中有 10 个元素，数组名为 a。

数组元素的下标从 0 开始，比如 name [10] 中，10 表示数组中有 10 个元素，下标从 0 开始，到 9 结束。如果在程序设计中不小心输出了 name [10]，C 编译系统也不会报错，但是会输出一个不确定值，所以要谨慎控制，最好不要出现下标越界的情况。

 **新手误区**

虽然一维数组结构如此简单，但是在定义一维数组时常常会有程序员出现各种错误，常见的误区如下。

示例一：

```
# include< stdio. h>
# define children 35
float n,children[children];
```

这个示例错误的原因在于标识符 "children" 既是常量名又是数组名，这是不被计算机允许的。

实例二：

```
# incliude< stdio. h>
int n= 5,a[n];
```

这个示例错误的原因在于试图使用变量作为数组元素的个数，数组元素的个数只能是整型常量表达式。也可以定义符号 n，当 n 变成了符号常量就可以被调用。

### 8.2.2　一维数组的初始化

变量在声明时可进行初始化，比如 int a＝0 就可以看作变量 a 的初始化。对于数组这个拥有多个数组元素（下标变量）的结构体该如何进行初始化呢？

一维数组初始化的一般形式为：

类型说明符　数组名[元素个数]＝{初值列表}

其中，初值列表中的数据常量的类型必须与类型说明符指定的类型保持一致。初值列表通常是用逗号隔开的几个常量，用来代表对应的每个数组元素的值。例如 int a [5]＝{11，12，13，14，15}，在这个一维数组中，数组初始化的状态为a [0]＝11，a [1]＝12，如图 8-3 所示。

| a[0] | a[1] | a[2] | a[3] | a[4] |
|------|------|------|------|------|
| 11 | 12 | 13 | 14 | 15 |

**图 8-3　数组 a [5] 的初始状态**

初值列表跟初始化的状态有什么关系呢？初值列表中的数值就代表了数组初始化状态中下标变量的值。我们该如何做好一维数组的初始化呢？一维数组在初始化时一般有以下三种实现方法。

（1）在定义数组时直接对数组中的全部元素赋值。

比如 float a [5] ＝ {1.0，2.0，3.0，4.0，5.0}，依次将列表中的值赋给数组元素。

（2）在定义数组时，赋予部分数组元素初值。

比如 int a [5]＝{1，2}，这表明只给前面两个数组元素赋值，a [0]＝1，a [1]＝2，其他数组元素则默认为 0，等价于 int a [5]＝{1，2，0，0，0}。

（3）如果对全部元素赋予初值，可以省略数组长度，系统会自动确认。

比如 int a []＝{1，2，3}，当我们不确定数组中元素的个数时可以使用这种初始化方法，可以实现按照要求添加数组中的元素。

**技能升级**

**一维数组的调用**

在 C 语言中，有两种可以调用一维数组的方法。

第一种就是使用数组初始化的方法。在数组初始化的状态中完成赋值，这样我们就可以调用数组并对数组进行相应的操作。

　　第二种就是用赋值语句或者输入语句为数组中的元素赋值，即先定义一个数组，然后在程序运行时用 scanf（）函数为数组元素赋值。

　　如果没有对数组初始化也没有对数组元素赋值，会发生什么情况呢？观察以下代码：

```
# include< stdio.h>
void main()
{
int a[4],i;
for(i= 0;i< 4;i+ + )
printf("%d",a[i]);
}
```

　　程序执行时，输出结果为毫无意义的数字，可以看出，没有初始化的数组，初值是没有任何意义的，除了占用内存，我们无法在实际中使用。

## 8.2.3　一维数组的天然优势

　　一维数组之所以受到程序员的喜爱，原因在于它的算法多样，使用起来极其方便。在很多程序之中，我们随处可见一维数组的身影。

　　一维数组在哪些方面有着不可替代的应用呢？在多个数据的选择和排序问题上，没有比数组更加合适的选择了。一维数组中可以存放多个数据，而这些数据之间可以进行关系运算，跟普通变量没什么区别。下面我们就一起来看看一维数组在程序之中的优点。

### 1．一维数组在筛选数据方面最高效

　　当筛选的数据个数少于 3 个时，我们可以使用 if 语句直接进行判断，如果多于 3 个数值，就需要嵌套多个 if 语句，代码就会变得复杂。假如某餐厅需要制作菜单，共有 10 个菜品可供选择，现要求我们找出这 10 个价格中的最大值，我们该如何使用数组减少代码数量呢？找出菜品单价最大值代码如下：

```
# include< stdio.h>
void main()
{
    float max, price[10];          /* 菜品单价为浮点类型数据* /
    int i;                         /* max 代表最大值* /
```

```
    printf("please input the first data:\n");
    scanf("%f", &price[0]);          /* 输入第一个数据,当作最大值* /
    max = price[0];
    printf("please input the other data:\n");
    for (i= 0; i <  9; i+ + )         /* 循环输入其他 9 个数值* /
    {
        scanf("%f", &price[i]);
        if (max < price[i])          /* 后面的数值均和前面比较大的数
                                        值比较,直到比较完成,将最大的数
                                        值赋予 max。* /
        {
            max = price[i];
        }
    }
    printf("最大值为%f\n",max);
}
```

通过以上案例可以看出使用数组之后,代码会变得十分简单,短短几行代码就实现了 10 个数据的比较,而且数据的个数依旧可以继续增加,代码却不会增加。

与数组对比,如果使用 if 语句,最少要嵌套 8 次。如此明显的优势,让我们不得不钟爱一维数组。

## 2. 一维数组——排序问题的王者

一维数组还常用于数据排序,在一连串不规则的数据之中按照从小到大或者从大到小的顺序输出,如果使用 if、while 等基本语句我们无可避免需要嵌套多层结构。如果使用一维数组,一个循环结构就已经足够。

仍以上面餐厅的案例为例,现在要求我们按照菜品单价从高到低排列。采用冒泡排序法代码如下:

```
# include< stdio.h>
void main()
{
    float k, price[10];
    int i, j;
    printf("please input the data : \n");
    for (i= 0; i< 10; i+ + )
```

```
{                    /* 输入菜品单价* /
scanf(" %f", &price[i]);
}
for (i= 0; i <  9; i+ + )
for (j= 0; j< 9- i; j+ + )
{
if (price[j]< price[j+ 1])
{
k= price[j];/* 相邻的数值两两比较,后者大的话交换位置* /
price[j]= price[j+ 1];
price[j+ 1]= k;
}
}
for (i= 0; i< 10; i+ + )
printf("%f\n", price[i]);
}
```

　　数组中的第一个数值和第二个数值进行比较，将较大的数值赋予数组一个元素。第二个数值和第三个数值比较，以此类推，数组中的元素就会由大到小排列，实现了价格由高到低排序的目的。数组的下标是按照顺序排列，使用 for 循环将会大大减少工作量。

　　通过代码可以看出，使用数组之后代码变得更加简洁，程序也变得十分饱满，一维数组的重要性不言而喻。

　　数据的排序有很多算法（图 8-4），每种算法都使用了一维数组，减少了 if 语句嵌套结构的使用。

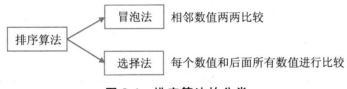

**图 8-4　排序算法的分类**

　　冒泡法是指把相邻的两个数值进行排序，把较大的数值从后交换到前，就像水底气泡上升一样。

　　选择法是先将最小值选出来后放在数组的第一个位置处，然后将数组的第二个位置处的数值与后面 8 个数值比较，选出最小值放在数组的第二个位置处，以此类推，使得数组按照从小到大的顺序排列。

## 实力检测

排序是我们工作和生活中经常遇到的问题，如何把一组数据按照从小到大或者从大到小的顺序排列呢？

从简洁性和使用性的角度来说，选择法排序无疑是最佳的选择。你会如何运用数组使用选择法解决这个问题呢？

部分答案示例：

```c
int i,j,k;
for(i= 0;i< 9;i+ + )
{
    k= i;          /* 从 10 个数中选出最小元素的下标,然后与 i 互换* /
    for(j= i+ 1;j< 10;j+ + )
    {
        if(price[j]< price[k])
        {
            k= j;   /* 交换下标,使得 a[k]始终为所有后面数值的较小值* /
        }
    }
}
```

# 8.3    二维数组增承载，适合复杂数据使用

二维数组和一维数组可不仅仅是多了一个下标的区别，与一维数组相比，二维数组更加复杂。如果说一维数组中的数据像直线上的点，简单又直接，二维数组中的数据就像平面上的点，复杂又繁琐。

为什么说二维数组可以增加承载呢？是因为它有两个下标，这两个下标向系统申请存储单元时，存储的数据的单元数量会成倍增加。二维数组下标变量和存储单元之间的关系如图 8-5 所示。

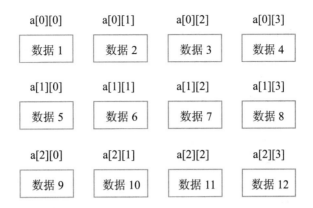

**图 8-5　二维数组下标变量和存储单元之间的关系**

通过图 8-5 我们可以看出，二维数组承载的数据明显增多，适合复杂数据使用，比如矩阵的计算。因此，在使用二维数组时要谨记第一个下标代表行，第二个下标代表列。二维数组可以简单地理解为矩阵的模式，不同的下标代表了不同的存储单元。

# 8.3.1　案例导入——矩阵相加

数学计算中，再没有什么计算比矩阵计算更加让人头疼了。对于程序员来说，如果使用二维数组进行计算，事情就会变得简单许多。

二维数组究竟有什么样的魔力可以化腐朽为神奇呢？我们一起来探个究竟吧。

现在有两个二阶矩阵，需要算出相加之后的矩阵。矩阵的相加比较简单，只需要对应位置上的数字相加即可，矩阵相加过程如下：

$$\begin{bmatrix} b_{11} & b_{12} \\ b_{21} & b_{22} \end{bmatrix} + \begin{bmatrix} a_{11} & a_{12} \\ a_{21} & a_{22} \end{bmatrix} = \begin{bmatrix} b_{11}+a_{11} & b_{12}+a_{12} \\ b_{21}+a_{21} & b_{22}+a_{22} \end{bmatrix}$$

使用二维数组，理清编程过程很重要，我们可以把二维数组看作矩阵，因此可以使用数组 a［2］［2］作为一个二阶矩阵。

第一步，输入 a［2］［2］这个二维数组代表二阶矩阵 a。

第二步，输入 b［2］［2］这个二维数组代表二阶矩阵 b。

第三步，数组中对应元素相加并将结果赋值到二维数组 c 中。

使用二维数组用 C 语言编写矩阵相加代码如下：

```
# include< stdio.h>
void main()
{   int a[2][2];
    int b[2][2];
    int c[2][2];
```

```
        int i, j;
        printf("请输入矩阵 a:\n");
        for (i= 0; i < 2; i+ + )
           for (j= 0; j < 2; j+ + )
               scanf("%d", &a[i][j]);
        printf("请输出矩阵 a\n");
        for (i= 0; i < 2; i+ + )
        {  for (j= 0; j < 2; j+ + )
             printf("%4d", a[i][j]);
             printf("\n");
        }
      printf("请输入矩阵 b:\n");
      for (i= 0; i < 2; i+ + )
           for (j= 0; j < 2; j+ + )
               scanf("%d", &b[i][j]);
      printf("请输出矩阵 b\n");
      for (i= 0; i < 2; i+ + )
      {  for (j= 0; j < 2; j+ + )
           printf("%4d", b[i][j]);
           printf("\n");
      }
      for (i= 0; i < 2; i+ + )
           for (j= 0; j < 2; j+ + )                   /* 矩阵相加* /
               c[i][j]= a[i][j]+ b[i][j];
      printf("请输出矩阵 a+ b= :\n");
      for (i= 0; i < 2; i+ + )
      {  for (j= 0; j < 2; j+ + )
               printf("%4d", c[i][j]);
           printf("\n");
      }
   }
```

　　从上述案例中，我们可以看出二维数组承载了更多的数据量，二维数组经过巧妙的换行，完全可以当作矩阵的形式，因此两个矩阵相加也就是二维数组中对应的元素相加，这就为二维数组进行矩阵的计算提供了可能。

# 8.3.2　二维数组承载多个数据

如果说一维数组深受程序员的喜爱，那么二维数组则更受数学家的青睐。二维数组可以说是解决线性方程的"利器"。无论多么复杂的矩阵运算，二维数组都可以高效地解决，而且程序代码也并不复杂。

二维数组的结构是什么样的呢？数组中的元素带有两个下标的数组被称为二维数组。二维数组的一般形式为：

类型说明符 数组名[行常量表达式][列常量表达式]；

元素个数代表数据长度，只能是整型常量，也可以是符号常量。如果是符号常量的话不要忘记使用♯define 命令定义这个符号。

二维数组中的元素的行、列下标从 0 开始，如 a [3] [4]，数组元素是由 a [0] [0] 开始，到 a [2] [3] 结束，数组中有 12 个元素。

数组 a [3] [4] 也可以被看作由 a [0]、a [1] 和 a [2] 这 3 个一维数组组成的，这三个一维数组各有 4 个元素。

需要特别注意的一点是，如果仅调用二维数组的名字，表示调用的是该二维数组中的第一个元素。

正是因为二维数组承载了更多的数据，数组元素还可以分为行、列来理解，所以它具备了更加高效的计算能力。

比如，我们想要输出一个三行四列的矩阵，该怎么设计代码呢？代码如下：

```
# include< stdio.h>
void main()
{  int a[3][4];
   int i,j;
for(i= 0;i< 3;i+ + )
{  for(j= 0;j< 4;j+ + )
   printf("%4d",a[i][j]);
   printf("\n");
}
}
```

外层循环充当行下标，当 i<3，会输出 3 行数字，内层循环充当列下标，当 j<4，会输出 4 列数字。在二维数组的输出过程中，一般将外层循环的变量当作行下标。

### 8.3.3 二维数组的初始化

所谓初始化，就是在定义数组时给数组中的元素赋值的过程。

二维数组初始化的一般形式如下：

数据类型 数组名[行常量表达式][列常量表达式]={{第0行初始化数据}，{第1行初始化数据}……{最后一行初始化数据}}；

二维数组初始化有以下4种方式。

（1）分行进行初始化，数据个数与列常量表达式相同。

例如 int a [3] [4] = { {1，1，1，1}，{2，2，2，2}，{3，3，3，3} }，如果用矩阵的形式输出为：

1 1 1 1
2 2 2 2
3 3 3 3

这种初始化的形式非常直观清楚，我们可以更加直观感受到二维数组是由3个一维数组组成，对于二维数组的结构也更加了解。赋值规则就是将第0行中4个数据依次赋给矩阵中第一行的各个元素。

（2）不分行进行初始化，按照二维数组在内存中的排列顺序赋值。

例如 int a [3] [4]={1，1，1，1，2，2，2，2，3，3，3，3}，如果用矩阵的形式输出为：

1 1 1 1
2 2 2 2
3 3 3 3

这种初始化的形式虽然看上去没有规律，比较凌乱，但是输出效果相同。那是因为二维数组在内存中也是按行存放的。它的赋值规则是选取前4个数据，赋给第一行的4个元素。

（3）部分行下标变量赋值。

例如 int a [3] [3]={{1}，{2}，{3}}，如果用矩阵的形式输出为：

1 0 0
2 0 0
3 0 0

这种初始化方式本质上同第一种相同，可以不给全部元素赋初值，其他没有被赋值的元素会默认为0。适合用于0元素比较多的数值，不用一一赋值，只需要给非0元素赋值。

（4）对全部元素赋初值，"行常量表达式"可以省略，"列常量表达式"不能省略。

例如 int a [] [4]={{1，1，1，1}，{2，2，2，2}，{3，3，3，3}}，系统可以自动算出行数，却不能识别出列的数量。为了避免行、列常量表达式混淆的情况，这种方式最好不要使用。

## 8.3.4　二维数组——矩阵运算中的高手

当计算器遇上矩阵运算，计算器就束手无策了。以计算器的功能根本无法提供矩阵的计算，而矩阵在信号处理、图像处理、几何光学等方面有着广泛的应用。如何解决矩阵运算的问题呢？答案就是使用二维数组。

二维数组是解决矩阵运算的高手，可以说二维数组就是为矩阵而生。下面我们就一起看看二维数组是如何解决矩阵相乘的问题吧。

在图像处理方面，我们常常把某些图像简化为矩阵的形式。假如现在有两个 3 阶矩阵，要求你输出这两个矩阵相乘的结果。

已知矩阵相乘的公式为：

$A * B =$

$a_{11} * b_{11} + a_{12} * b_{21} + a_{13} * b_{31} \quad a_{11} * b_{12} + a_{12} * b_{22} + a_{13} * b_{32} \quad a_{11} * b_{13} + a_{12} * b_{23} + a_{13} * b_{33}$

$a_{21} * b_{11} + a_{22} * b_{21} + a_{23} * b_{31} \quad a_{21} * b_{12} + a_{22} * b_{22} + a_{23} * b_{32} \quad a_{21} * b_{13} + a_{22} * b_{23} + a_{24} * b_{33}$

$a_{31} * b_{11} + a_{32} * b_{21} + a_{33} * b_{31} \quad a_{31} * b_{12} + a_{32} * b_{22} + a_{34} * b_{32} \quad a_{31} * b_{13} + a_{22} * b_{23} + a_{24} * b_{33}$

从公式来看，矩阵中的元素是行和列中的数字相乘然后相加的结果，需要用到矩阵中的每一个元素。因此，我们在使用二维数组进行矩阵计算时会用到数组中的每一个元素，会嵌套循环过程。

解决矩阵相乘的运算具体操作步骤如下。

第一步，输入两个 3 阶矩阵 A 和 B。

第二步，矩阵中的元素按照公式计算并输出结果。

第三步，将结果保存并以矩阵形式输出。

矩阵相乘的代码如下：

```c
# include< stdio.h>
void main()
{   int a[3][3];
    int b[3][3];
    int c[3][3]= { {0},{0},{0} };        /* 定义一个二维数组,用来存放矩
                                            阵相乘结果*/

    int i, j, t;
    printf("请输入矩阵 a\n");
    for (i= 0; i <  3; i+ + )
        for (j= 0; j <  3; j+ + )
            scanf("%d", &a[i][j]);
    printf("请输出矩阵 a\n");
    for (i= 0; i <  3; i+ + )
    {   for (j= 0; j <  3; j+ + )
```

```
            printf("%4d", a[i][j]);
        printf("\n");
    }
printf("请输入矩阵 b:\n");
for (i= 0; i < 3; i++)
    for (j= 0; j < 3; j++)
        scanf("%d", &b[i][j]);
printf("请输出矩阵 b\n");
for (i= 0; i < 3; i++)
{   for (j= 0; j < 3; j++)
        printf("%4d", b[i][j]);
    printf("\n");
}
                        /* 矩阵相乘过程,矩阵 a 和矩阵 b 元素
                         相乘然后将结果放进矩阵 c 中*/
for (i= 0; i < 3; i++)
    for (j= 0; j < 3; j++)
        for (t= 0; t < 3; t++)
            c[i][j] += a[i][t] * b[t][j];
printf("请输出矩阵 a * b= :\n");
for (i= 0; i < 3; i++)
{   for (j= 0; j < 3; j++)
        printf("%4d", c[i][j]);
    printf("\n");
}
}
```

## 实力检测

使用二维数组进行矩阵运算有着得天独厚的优势,我们可以调用数组不同下标变量来对矩阵进行加减乘除运算,在一定程度上可以说二维数组就是矩阵。

很多人都玩过或者听过九宫格的游戏,如果定义 a [3] [3] 这样一个二维数组,就可以把它当成九宫格来进行操作。

现在请你使用程序来判断是否成功,你会如何编写代码呢?

部分答案示例：

```
# include< stdio.h>
int main()
{
  int a[3][3];
  int c[3][3]= {{0},{0},{0}};          /* 定义二维数组,用来存放九宫格
                                          移动后结果* /

  int j,i,t;
  int a1,a2;                           /* 用来计算对角线之和* /
  for(i= 0;i< 3;i+ + )
  {
  a1+ = a[i][i];
  a2+ = a[i][2- i];
  }
  if(a1= = 18)
{
  if(a1= = a2)
}
printf("请输出矩阵 c:\n");             /* 正确的移动答案* /
```

# 8.4　字符串的"进化型"，字符串之库——字符数组

　　字符形式的数据常常出现在各种程序中，如在员工管理系统当中，表示员工的姓名、手机号等信息。当我们想要对这些字符串进行关系运算时，就会发现：C 语言中没有字符串变量的概念。

　　那我们该如何对字符串中的某些字符进行操作呢？我们可以使用字符数组。

　　数组之中除了可以存放数字常量，还可以存放字符。字符数组在一定程度上可以"充当"字符串变量，比字符串更加"高级"。下面我们就一起来看看字符数组的优越之处吧。

## 8.4.1 案例导入——字符的判断

我们在工作中常常会遇到这样的情况，要根据接收到的字符信息做出相应的反应。

这里以车牌号信息查找为例，车牌号往往会根据不同区域进行划分，以用不同的字母对应不同地区。现在有多个车牌号信息，它们是以字符串的形式保存。现在需要你从这些车牌信息中找到首字母为 A 的车牌号并打印出来。程序编写过程中会进一步发现，字符串并不是变量，无法对它进行一些操作。这该怎么办呢？如果使用字符数组，这个问题就会迎刃而解了。使用字符数组判断字符的代码如下：

```c
# include< stdio.h>
void main()
{
    char ch[10][10];
    int i;
    for (i = 0; i < 10; i+ + )
        scanf("%s",ch[i]);
    for (i = 0; i < 10; i+ + )
    {
        if (ch[i][0] = = 'A')
        {
            printf("%s\n", ch[i]);
        }
    }
}
```

从这个案例可以看出，将所有的字符串存储为字符数组的形式时，当我们输入车牌号信息之后，就可以调用字符串中的元素进行判断，从而打印出首字母为 A 的所有车牌信息。

字符数组和一维数组相同，所有的字符都是共有一个数组名，每个字符元素被分配在不同的存储单元内。我们都是通过调用不同的下标实现对其中某个字符的操作。

技巧集锦

第一，字符数组的本质还是一维数组，只是存储单元内的数据为字符类型。

第二，当输入字符数组元素时，必须指定数组下标，而且从键盘输入字符时，不用加单引号，同输入字符串一样。

第三，由于字符数组中的元素是字符类型，不是字符串类型，因此要使用"%c"的格式符输出。

第四，字符数组中的元素是字符类型，也可以使用汉字，会占用 2 个字节。如果是汉字的话，数组长度要相应增加。

## 8.4.2　字符数组——字符串的救星

字符数组是什么？从字面上来理解，字符数组就是将字符以数组的形式储存。字符数组的一般形式为：

char 数组名[元素个数];

字符数组分为一维数组和二维数组，其存储形式和数组相同，它的存储形式如图 8-6 所示。

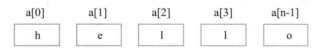

**图 8-6　字符数组在内存中的储存形式**

字符数组的初始化形式和一维数组类似，不同点在于数组元素的类型。字符数组在初始化时需要添加字符的定界符——单引号，例如：

char a[5]= {'g','o','o','d','\0'}

当然，字符数组也可以只给部分字符赋初值，这样系统就会默认后面的元素内容为'\0'，例如：

char a[6]= {'g','o','o' }

当我们输出这个字符数组时会发现，屏幕上并没有显示后面的字符'\0'，这是因为在字符数组中'\0'不是一个能够显示的字符，这是一个"空操作符"。'\0'的设定可以避免因为数组中的元素值不确定而输出乱码。

字符数组还可以在定义时省略数组长度来进行初始化。例如：

char a[]= {'h','e','l','l','o','g','u','y','s' }

### 8.4.3　别再弄混字符数组和字符串

很多人认为字符数组就是字符串，但是事实果真如此吗？字符串和字符数组有什么区别呢？

字符串是包含若干有效字符的序列，这些有效字符可以是字母、数字、特殊字符等形式，以'\0'作为结束标志，它在 C 语言中以字符数组的形式存储。字符数组是可以存放字符的数组。

字符串与字符数组的关系简明分析如图 8-7 所示。

**图 8-7　字符数组和字符串的关系**

因为字符串是特殊的字符数组，所以我们可以把字符串作为一个整体来实现对字符数组的初始化，这样操作起来更加方便。例如：

```
char a[20]= {"hello guys!"};
```

由此可见，以字符串的形式初始化更简洁些。在字符数组初始化的问题上，我们常常采用字符串的方式来初始化。

如何在程序中引用字符数组中的元素呢？我们可以逐个引用，也可以整体引用，如图 8-8 所示。

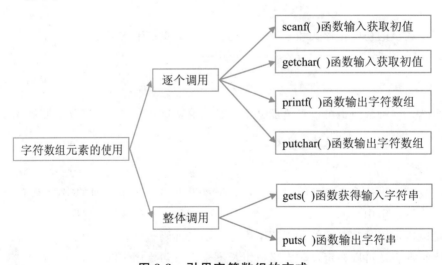

**图 8-8　引用字符数组的方式**

逐个调用的方式是指这个引用数组中的每个字符，调用方法只需要引用字符数组下标即可完成调用，也可以通过 getchar（）函数来输入字符。例如：

scanf("％c",&a[i]);或者 a[i]= getchar();

putchar（）函数一次只能输出一个字符数组，而 printf（）函数可以输出多个。

整体调用的方式是指把字符数组当作字符串来使用，调用的时候会输出整体，不能逐个元素调用。在 C 语言中提供了字符处理函数，它们被包含在 string.h 文件中，例如：

char a[20];
gets(a);
puts(a);

所以，字符数组和字符串之间有很大区别，字符数组的功能显然更加强大。现在你清楚它们之间的差别了吗？字符数组不仅具有数值数组的特性，而且针对字符串处理函数，字符数组也可以调用。字符数组可以说是集数值数组和字符串的长处于一身。

**技能升级**

### 常见的字符串处理函数以及功能

C 语言系统提供了字符串处理函数，它们被包含在 string.h 头文件中，我们可以调用这些函数对字符串进行某些操作。常见的字符串处理函数见表 8-1。

**表 8-1　常见的字符串处理函数**

| 字符串处理函数 | 函数功能 | 函数功能示例 |
| --- | --- | --- |
| strcat () | 连接字符串和字符数组 | char a [10] ＝ "你好"；<br>char b [10] ＝ "中国"；<br>strcat (a, b); |
| strncat () | 将字符串中最多 n 个字符加到字符数组尾端 | char a [20] ＝ "hello"；<br>char b [20] ＝ "china and world"；<br>strcat (a, b, 6); |
| strcpy () | 把字符串的内容完整地复制到字符数组中，字符数组原有内容会被覆盖 | char a [20] ＝ "hello"；<br>char b [20] ＝ "china and world"；<br>strcpy (a, b); |

| 字符串处理函数 | 函数功能 | 函数功能示例 |
|---|---|---|
| strncpy () | 把字符串的内容的前 n 个字符复制到字符数组中，字符数组原有内容会被覆盖 | char a [20] = "hello";<br>char b [20] = "china and world";<br>strcpy (a, b, 6); |
| strcmp () | 字符串比较函数，如果字符串 1 = 字符串 2，返回值为 0。<br>字符串 1<字符串 2，返回值为负整数。否则，为正整数 | char a [10] = "hello";<br>char b [10] = "china";<br>printf ( "%d", strcmp (a, b) ); |
| strlen () | 测量字符串长度函数 | char a [10] = "hello";<br>printf ( "%d", strlen (a) ); |
| strlwr () | 将字符串中大写字母转换为小写字母 | char a [10] = "hello";<br>puts (strlwr (a) ); |
| strupr () | 将字符串中小写字母转换为大写字母 | char a [10] = "hello";<br>puts (strupr (a) ); |

其中，我们特别要注意的是，编程者要保证字符数组的长度足够大，因为在 C 语言中是没有边界检查的，很容易出现下标越界的问题。

# 8.5　一秒学会使用字符数组

在具体程序中，该如何使用字符数组呢？将字符数组应用在哪些方面呢？

字符数组具有数值数组的特性，可以逐个元素进行赋值或者执行一定操作。因此我们可以利用这个特性来作一些简单的判断，如把字符数组中的字母元素从小写改成大写，代码如下：

```
# include< stdio.h>
void main()
{  char ph[20];
```

```
    int i;
    for (i= 0; i< 20; i+ + )
    {  scanf("%c",&ph[i]);
        if (ph[i]> = 'a' && ph[i] < = 'z')
            ph[i]= ph[i]- 32;
    }
    for (i= 0; i< 20;i+ + )
        printf("%c",ph[i]);
}
```

字符数组在某些时候也可以被看作字符串，我们可以使用字符串函数进行简单的排序。比如在排序问题上，我们一般只能比较数值的大小，不涉及字符输出等功能，当要设计一个程序，让薪资降序排列，并输出排序员工信息时，就可以使用字符串处理函数进行"拼接"，代码如下：

```
# include< stdio.h>
# include< string.h>
void main()
{  char name[5][5]= {"张三","李四","王五","赵六","钱一"};
   char a[5];
   int wages[5] = {5000,7000,4000,6000,5500};
   int i, j, t;
   for (i= 0; i< 5; i+ + )
   {  for (j= 0; j < 5- 1- i; j+ + )
      {  if (wages[j]< wages[j+ 1])
         {  t= wages[j];              /* 交换工资,工资高的排在前面* /
            wages[j]= wages[j+ 1];
            wages[j+ 1]= t;
            strcpy(a, name[j]);
            strcpy(name[j], name[j+ 1]);   /* 交换姓名* /
            strcpy(name[j+ 1], a);
         }
      }
   }
   for (i= 0; i < 5; i+ + )
   printf("%s %d\n", name[i], wages[i]);
}
```

## 8.6　索引越界最常见，索引细则很关键

在程序设计中我们常常会遇到索引异常的情况，多见于使用数组的情况。数组之中含有下标的形式，而下标又是从 0 开始，导致我们很容易出现下标越界的情况。

例如：

```
int i= 0,a[5];
for(i= 0;i< 6;i+ + )
scanf("%d",&a[i]);
```

数组 a［5］中只有 5 个元素，可是我们要给数组赋 6 个数值，所以一定会出现索引异常的情况。

特别应注意以下两点。

（1）定义数组时数组的长度要尽量比里面包含的元素个数大一些，在使用 for 语句赋值时要注意不要超过数组的长度。

（2）定义字符数组时，如果使用字符串整体的形式进行数组初始化，由于字符串结束符标志'＼0'也会占用一个元素的存储空间，因此我们在定义字符数组长度时至少要加 1。

## 剑指offer初级挑战

假如公司即将上市，为了更好地管理公司，现在需要优化职工管理系统。要求你设计员工管理系统，请输出该员工的全部信息，包括身份证号、手机号、所任职务、工作时间等信息。已知员工姓名、所任职务、工作时间都属于字符串类型，其余信息属于 int 类型，如果利用数组的知识，你会如何设计这个程序呢？

offer 挑战秘籍：

☞ 因为数组数据之间存在关联，所以可以采用二维数组的形式将这些信息串联起来，这样就可以输出员工全部信息。

☞ 涉及了字符数组和整型数组，可以利用 printf 函数一下输出全部信息。

核心代码展示：

```
# include < stdio. h>
# include < string. h>
void main()
{
char name[3][15]= {"liyiyi","lierer","lisansan"};
char zhiwu[3][10]= {"行政","人事","技术"};
int ps= {123456789,123456786,123456785};
for(i= 0;i< 3;i+ + )
printf("%s %s %d ",name[i],zhiwu[i], ps[i]);
}
```

# 第**9**章

# C 语言的特色——指针操作技巧

　　C 语言是一种强大且灵活的语言，秘诀就在于 C 语言可以运用指针。指针的使用为我们实现对内存地址的操作提供了可能，赋予了程序极大的灵活性。

　　指针可以说是 C 语言的灵魂。那么指针究竟是什么呢？为什么会有这么大的魔力呢？指针是 C 语言中最具特色的一种数据类型，不同于其他变量，在指针中存储的是地址，而不是普通的数据。正是因为指针的存在，我们可以灵活分配内存空间，C 语言才可以始终处于不败之地。下面我们就一起探究指针的奥秘吧。

# 9.1 数据有"上"又有"下"，交流全靠它

在 C 语言中，很多程序代码，比如常量、变量、数组、枚举类型数据都会分配内存空间。我们访问这些数据，实际上就是访问这些变量的存储单元。我们该如何访问这些数据呢？参考图 9-1。

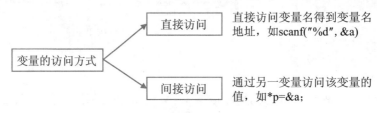

图 9-1　变量的访问方式

变量的间接访问方式主要是依靠指针，即访问地址。指针变量是存储其他变量地址的变量，我们可以通过访问指针变量进一步访问其他变量。

变量的地址和变量的值是完全不同的概念。比如，有一个新同事坐在工位编号为 20 的位置上，那么就可以认为这个编号为 20 的工位是变量的地址，而新同事此时在这个工位上，该同事就是变量的值。变量的地址一旦分配就不会更改，而变量的值却可以改变。

指针就是指向变量地址的存在，那么指针变量是如何实现数据的访问的呢？来看图 9-2。

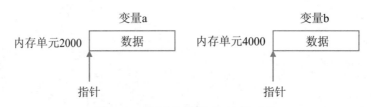

图 9-2　指针变量访问数据过程

由图 9-2 我们可以看出，指针变量在存储其他变量地址时是非常自由的，它不一定非要指向连续的存储单元，只需要指向变量开始的位置即可。这样就实现了数据有"上"又有"下"，对变量进行存取的过程。

指针实现了内存的动态分配，一方面提高了程序的编译效率和执行速度，另一方面使得程序更加灵活，可以用来表示各种数据结构，使数据之间的"交流"顺畅无阻。

## 9.1.1　案例导入——指针

在我们的工作中时常会遇到在特定的区域内修改数值的情况。同样，在编程过程中我们也会遇到这种问题。比如，变量 a 在特定的单元格内，现在我们需要将单元格 b 中数据换到变量 a 的位置处，该怎么做呢？通常情况下直接交换 a，b 的数值即可。可是我们无法保证再次分配内存空间时，变量 a 仍旧在原来的位置处，这就需要发挥指针的优势了。

在实际的应用中，如何利用指针交换变量呢？

代码如下：

```c
# include< stdio.h>
void swap(float*p1, float*p2)
{  float c;
   c = * p1;
   * p1 = * p2;
   * p2 = c;
}
int main()
{  float a, b;
   scanf(" %f %f",&a,&b);
   if (a > b) { swap(&a,&b); }
   printf("\n%f %f\n", a,b);
}
```

指针变量进行数据交换的过程如图 9-3 所示。从交换图中我们可以看出，指针始终指向我们赋予给它的地址值，即使地址内的数据发生了改变，指针也不会发生任何改变。我们可以利用这一特性，实现数值的传递。

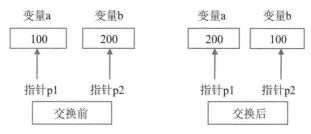

图 9-3　指针变量在数据交换中的作用

 技巧集锦

第一，指针变量的本质是一个变量，只是存储的不是数值，而是地址。

第二，指针变量不会随着数据的位置变动而发生变化，它从始至终都会指向你所赋予给它的地址值。

第三，"＊"出现的位置不同，它的功能也不相同。出现在定义语句中，"＊"说明这是一个指针变量。出现在程序其他地方，代表取出该地址中所对应的变量的值。

第四，将一个变量地址赋予指针后，可以直接利用指针对这个地址内的数据进行赋值。

## 9.1.2　指针变量——另类的"数据"传递

指针变量与普通变量相同，只是在数据传递过程中，指针变量传递的是地址。指针变量在声明时需要指明它的数据类型和指针变量名称，它的一般定义形式如下：

类型标识符　＊指针变量名

指针变量代表的是变量的地址，它可以指向多种变量类型（图 9-4）。

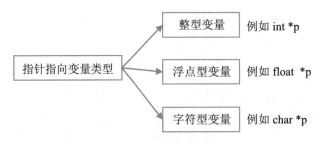

图 9-4　指针指向变量类型

指针变量中，"＊"是指针变量标识符，表明一个指针变量。

指针类型标识符决定了指针指向的变量类型，只能指向与之相同类型的普通变量。指针变量的命名要遵循 C 语言标识符命名规则。

以指针运算符"＊"和取地址运算符"&"为例，操作指针变量如下：

```
# include< stdio.h>
void main()
{int a;int*p;
```

```
p= &a;
scanf(" %d",p);
printf(" %d",* p);}
```

"&"为取地址运算符,它的功能是取出一个变量的地址。

p=&a 语句代表着将指针 p 指向变量 a。

"*"为指针运算符,功能是取出指向地址中存放的值,当我们想要输出变量 a 的值时,可以直接调用 * p,因为此时 * p 就代表了变量 a 的值。

如何区分"&"和"*"呢?

"&"和"*"的位置关系不一样,代表的含义也各不相同。例如:

```
void main()
{   float a= 2.0,* p;
    p= &a;
    printf("%f",* &a);
}
```

指针 p 和变量 a 建立指向关系后,a、* p、* &a 就是等价的关系,表达式 "* &a"的含义是先取出变量 a 的地址,再用指针运算符取出该地址中存放的值,其实就是 a 的值。

而 &a、p、& * p 也是等价的关系,表达式"& * p"的含义是先计算出 * p 的数值,然后再赋予这个数值地址。

一般而言,"&"符号在开始位置处,表示地址。"*"符号在开始位置处,表示的是具体数值。

 **新手误区**

一起来看看指针运用方面常见的错误有哪些。

示例一:

```
# include< stdio. h>
int main()
{
int a;
int *p;
p= &a;
scanf("%d",&p);
printf("%d",a);}
```

这个示例错误的原因在于不能区分指针 p 和变量 a 之间的指向关系。scanf（"%d"，&p）代表输入一个数值传送到指针 p 的地址之中，而编程者的本意是输送一个数值传送到变量 a 之中并输出变量 a。

示例二：

```
# include< stdio.h>
void main()
{
int a= 1;
int *p= &a;
printf("%d\n",*p+ + );}
```

这个示例错误的原因在于不清楚（*p++）和 *p++ 的区别。编程者本意是输出 a++ 后的结果，但是最后输出的结果依旧是 1。*p++ 等价与 *（p++），虽然取出的值还是变量 a 的值，但是会将指针 p 移动到 a 后面的地址单元，因此指针 p 将不会再指向变量 a。

指针变量需要初始化，没有进行初始化的指针，称为悬空指针，使用这类指针非常危险，容易造成系统瘫痪。

指针不能直接赋值，那该如何对指针进行初始化呢？例如：

```
# include< stdio.h>
void main()
{   int a= 3;
    int *pi= &a;
    printf("%d",* pi);
}
```

我们定义了一个整型变量 a 并对其进行初始化，然后定义了一个整型指针 pi，使指针 pi 和变量 a 建立了指向关系，并把变量 a 的地址赋给指针 pi。最后，取出变量 a 的数组赋予指针 pi 并输出。

指针的初始化过程就是指给指针赋值，简而言之就是赋予指针一个变量地址，不要让指针处于"悬空"状态。

## 9.2　　指针的移动规则

在实际的应用中，指针可以进行哪些操作呢？如图 9-5 所示。

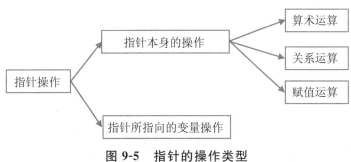

**图 9-5　指针的操作类型**

指针中存放的是地址，地址是可以改变的，即指针发生移动。指针在移动过程中要遵循什么规则呢？我们一起来探个究竟吧。

### 9.2.1　指针的"前后移动"

指针自身是一个变量，可以进行加减运算。对于这一点，很多人会有些迷惑，指针是一个地址，如何进行加减运算呢？其实，这就是指针自身的移动，体现在单元内存上，就是指针可以前后移动，指向不同的数据单元。例如：

```
int * p;
int a= 10;
p= &a;
p- 2;
```

上述语句定义了一个指针 p 并且把变量 a 的地址赋给了指针 p，然后指针执行了 p−2 操作，这样代表什么呢？其实 p−2 代表了指针从当前位置向后移动 2 个数据单元。指针移动过程如图 9-6 所示。

指针移动要谨慎，因为一旦指针自身开始移动，指针的指向就开始改变。

如果两个指针之间做减法会得到什么呢？这个结果会有意义吗？指针之间相减得到的是两个指针之间相隔的元素个数。

图 9-6  指针向前移动 2 个单元示意过程

比如计算一个字符串的实际长度，假如用 strlen（）函数求字符串的长度，最后的结果会多一个 '\0' 字符的长度，可是如果运用指针就没有这个问题了。使用指针求字符串实际长度代码如下：

```c
# include< stdio.h>
void main()
{
    char *p;
    char str[50]= "abcdefghykopol";
    p= str;
    while (*p! = '\0')
    {
        p+ + ;
    }
    printf("the string length is %d\n",p- str);
}
```

一般情况下，如果两个指针执行了相减的操作，那么这两个指针一定是指向了同一个数据类型的变量。

 技能升级

### 巧妙分辨指针变量移动的数据单元和字节

指针在移动过程中移动的最小单位就是一个数据单元，比如 p＋n 是指将指针从当前位置向前移动 n 个数据单元，而不是 n 个字节。那么。数据单元和字节之间有什么关系呢？指针变量中不同数据类型所占的存储空间是不一样的，如图 9-7 所示。

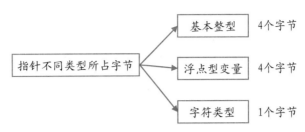

图 9-7　指针不同类型所占字节长度

比如变量 a（数据类型为 int）的地址为 2000，指针 p 移动一个数据单元，将会指向 2004 地址单元处，即 int 类型数据每 4 个字节组成一个数据单元。

## 9.2.2　指针的关系运算规则

如果两个指针指向了同一个数据类型的数组变量，那么这两个指针之间就可以执行相应的关系运算了，可以用来表示两个指针之间所指向的存储单元的相对位置。关系运算有 4 种表达，具体如下：

```c
# include< stdio.h>
void main()
{   char a[20];
    char * p1,* p2;
    p1= &a[0];
    p2= a;
    if(p1> p2)
    if( p1< p2)
    if(p1= = p2)
    if(p1! = p2)
}
```

在第一个 if 语句中，p1＞p2 表示指针 p1 所指向的元素在指针 p2 所指元素的后面。

在第二个 if 语句中，p1＜p2 表示指针 p1 所指向的元素在指针 p2 所指元素的前面。

在第三个 if 语句中，p1＝＝p2 表示指针 p1 和指针 p2 指向同一个元素。

在第四个 if 语句中，p1！＝p2 表示指针 p1 和指针 p2 没有指向同一个元素。

**技巧集锦**

第一，两个指针的关系运算的使用常见于一维数组之中。

第二，没有进行初始化的指针是非常危险的，一定要谨记指针初始化。

第三，也可以使用"指针名＝数组名"的形式进行赋值。

## 9.2.3　指针的赋值规则

我们在对指针赋值时，可以直接在定义指针过程中完成赋值，也可以利用赋值语句对指针进行赋值。指针有哪些赋值方法呢？指针自身的赋值包括以下三个方面。

（1）直接将变量的地址赋给指针。例如：

```
char name[10];
char *p1,*p2;
scanf("%s",name);
p1= name;
p2= name;
```

将变量 name 的地址分别赋给指针 p1、p2，如图 9-8 所示。

**图 9-8　两个指针和变量之间的关系**

由图 9-8 我们可以看出，同一个变量可以和多个指针建立指向关系，即一个变量的地址可以赋给不同的指针。但是要注意，一个指针只能存放一个变量地址。

（2）间接通过指针之间相互赋值。例如：

```
int a= 1;
int * p1= &a,* p2;
p2= p1;
```

指针不仅可以和变量建立指向关系，指针之间也是可以相互赋值的。指针之间相互赋值时也是赋给对方地址值，指针之间赋值时不需要使用"&"符号，因为指针本身就含有地址。

（3）对指针赋予空值。例如：

```
char *p1,*p2;
p1= NULL;
p2= 0;
```

上述语句代表着指针 p1 和 p2 不指向任何地址空间。

对指针赋予空值的意义在于避免指针没有初始化变成悬空指针。悬空指针会随意指向任何一个内存地址，如果指向的刚好是受保护的地址，就会造成死机。

当我们对指针赋予空值之后，当我们想要用这个空指针去访问数据单元时，系统将会报错。

 ## 新手误区

在给指针进行赋值的过程中，我们常见的错误有哪些呢？

示例一：

```
# include< stdio.h>
void main()
{
int a;
int *q;
float *p;
p= q;
}
```

这个示例错误的原因在于不同数据类型的指针之间是不能相互赋值的，因此将指针 q 的地址赋给指针 p 这种用法是错误的。

示例二：

```
# include< stdio.h>
void main()
{
int *q;
float *p;
p= 1000;
q= 2000;
}
```

这个示例错误的原因在于试图让指针指向 1000 地址单元。在给指针赋值时不能赋常量，只可以为指针赋值为 0，其他常量的表达都是错误的。

## 9.3　　指针能解决的实际问题

由于指针的特殊性——可以存储变量的地址，具有很高的灵活性，因此指针在实际中的应用很广泛，深受程序员的喜爱。

利用指针传递地址，可以解决有参函数中形参和实参数值传递的问题。不仅如此，指针在数组方面的应用使得数组的操作更加简便。

指针可以存储任何变量的地址，比如数组、字符串、字符等数据类型，因此可以通过指针指向对应的变量从而对变量进行某些操作。指针可以操作任何数据，它非常灵活而且强大，一些本来很困难的操作，通过指针就可以轻松解决。

下面我们就一起来看看这个"灵活"的指针究竟凭借什么被程序员称为 C 语言的灵魂吧。

### 9.3.1　　指针——有参函数的"王炸"

指针变量可作为函数的参数，进行参数之间的传递。一般可以分为两种情况，如图 9-9 所示。

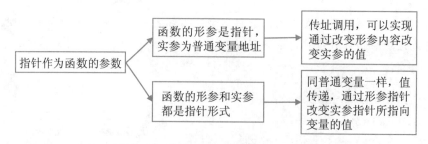

**图 9-9　指针作为函数参数的分类**

指针同普通变量一样，要声明自己所指变量的数据类型，指针作为函数的参数一般形式如下：

自定义函数名(指针数据类型＊p1,指针数据类型＊p2,…指针数据类型＊pn)

其中，指针名称是由程序员自己定义的，只需要遵循 C 语言标识符命名规则即可。

在我们平常工作中，时常会遇到两个数据互相交换的情况。程序员在编写代码时，也会遇到这样的情况，为了降低代码重复率，我们可以自定义一个交换函数。当我们需要执行这样的操作时，只需要调用这个函数即可。

比如，现在有两个浮点型的变量 a 和变量 b，需要互相交换数值。交换数值程序代码如下：

```c
# include< stdio.h>
void sawp(float x, float y);
int main()
{   float a =  5.0, b =  6.0;
    if (a ! =  b)
    { sawp(a, b);}
    printf("%f, %f\n", a, b);
}
void sawp(float x, float y)
{   float t;
    t= x; x= y; y= t;
}
```

通过代码我们很容易看出，当把实参的数值传递给形参后，在 swap 函数中变量 x 和变量 y 的确交换了数值。但是在有参函数中，实参的值是单向传送给形参的，形参数值的改变无法影响实参，因此变量 a 和变量 b 并没有交换数值，输出仍旧是 a＝5.0，b＝6.0，并没有达到交换目的。

那么，我们能不能使用返回值呢？在 C 语言中一个函数只能返回一个函数值，在本案例中我们需要两个返回值，所以这是行不通的。该怎么办呢？别担心，我们还有"王炸牌"没使用呢，那就是使用指针。

当指针作为函数形参时，普通变量地址就会作为实参传入形参，这个问题就迎刃而解了。使用指针交换程序代码如下：

```c
# include< stdio.h>
void sawp(float*p1, float*p2);
int main()
{   float a, b;
    scanf( "%f%f", &a, &b);
    if (a ! =  b)
    { sawp(&a, &b); }                     /* 实参为变量地址,传入形参* /
    printf("%f\n%f\n", a, b);
}
```

```
void sawp(float*p1, float*p2)        /* 指针 p1 储存变量 a 的地址,建
                                        立了指向关系* /

{   float t;
    t= *p1;
    *p1= *p2;                        /* 变量 a 地址数据发生交换,因
                                        此 a 发生了改变* /

    *p2= t;
}
```

使用指针之后为什么可以达到交换目的呢?指针究竟是如何做到通过改变形参的数值进而传送到实参当中的呢?形参指针传入过程如图 9-10 所示。

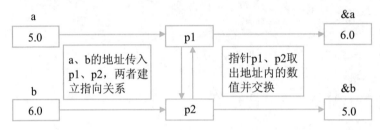

图 9-10　指针作为形参、实参作为变量地址的传入过程

### 实力检测

现在有 3 个变量 a,b,c,你需要将三个变量按照从大到小顺序输出。不考虑 if 语句,需要定义 swap 函数,该函数需要返回 2 个数值。如果把实参也变为指针形式,你会如何设计 swap 函数中形参和主函数中实参的传递方法呢?

部分答案示例:

```
# include< stdio.h>
void swap(float*p1, float*p2);
int main()
{float a, b, c;
 float * pa= &a, * pb= &b, * pc= &c;
 scanf("%f%f%f", &a, &b, &c);
 if (a < b) { swap(pa,pb); }
 if (a < c) { swap(pa,pc); }
 if (b < c) { swap(pb,pc); }
 printf("%f\n%f\n%f\n",a,b,c);
}
```

```
void swap(float* p1, float* p2)
{float t;
 t= * p1; * p1= * p2;* p2= t;
}
```

通过形参虽然不能改变实参的数值，但是可以改变它们指向的普通变量的值，从而达到每次传递多个数值的目的。

## 9.3.2　指针——一维数组的"王者"

指针和一维数组是密切相关的，它们有一个相同点，那就是两者都可以用来代表地址。对于一维数组来说，数组名就代表第一个元素的地址。

简单来说，数组名是一个指针常量，它的值无法改变。指针是一个变量，在数组中，指针的移动有了明确的意义。比如指针 p 指向数组 a［0］，p+2，代表指针指向数组元素 a［2］，我们就可以用指针 p 对数组中的元素进行运算。如图 9-11 所示。

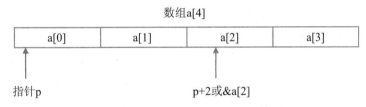

图 9-11　指针在数组中的移动过程

通常我们用指针指向一维数组的形式为：

```
int a[3]= {0,1,2};
int * p;
p= a;
```

这里 p＝a 等价于 p＝&a［0］，用指针表示数组元素可以使程序运行速度更快，所以尽量采用指针表示数组元素。

在一维数组中，指针主要应用在两个方面：一是用指针取代数组名，使操作更加方便，形式更加灵活；二是指向一维数组的指针作为函数的参数可同时返回多个数值，如图 9-12 所示。

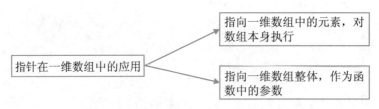

**图 9-12　指针在一维数组中的应用**

### 1. 指针指向一维数组，数组操作更简单

指针是如何取代数组名的呢？其实就像是一个人有两个名字一样，指针和数组名都指向同一个地址，即指针 p 和数组 a 是等价的，因此可以用指针 p 来访问数组中的元素，使程序运行速度变快。不同表达方法程序代码如下：

```c
int a[3]= {0,1,2};
int *p;
p= a;
for(i= 0;i< 3;i+ + )
{   printf("%d",*(p+ i));          /* 直接使用指针输出元素* /
    printf("%d",p[i]);             /* 指针下标法表示* /
    printf("%d",*p);
    p+ + ;                         /* 移动指针指向下一个元素* /
}
```

通过以上代码展示，我们可以清楚地看到，使用数组指针调用一维数组中的元素方法多样，使数组操作更加简便。

### 2. 一维数组指针做参数，形参传递更高效

数组名也可以作为函数的形参和实参，在传递过程中，使用指针的形式传递可以同时返回多个数值。例如，公司需要在 10 名员工中选出工资最高的员工和工资最低的员工进行比较，查看差距。如何让程序一次就同时输出最大值和最小值呢？那就是使用指针形式，可以让程序变得简洁。

当指针指向一维数组时，在参数传递过程中传递的是数组的地址，可以通过改变指针所指向的变量的数组来改变全局变量的数值。使用指针求出最值程序代码如下：

```
# include< stdio.h>
void compare(int x[], int j);
int max, min;
void main()
{ int a[10],i;
  printf("input the 10 person of wages :");    /* 输入 10 人工资* /
  for (i= 0;i< 10;i+ + )
  {scanf("%d", &a[i]);}
  compare(a, 10);
  printf("\n %d\n %d", max, min);
}
void compare(int x[], int j)        /* 数组名和指针建立指向关系* /
{ int*p, *x_end;               /* 定义两个指针* /
  x_end= x+ j;
  max= min= x[0];               /* 将最大最小值设置为数组 x 中第
                                    一个元素* /

  for (p= x+ 1;p< x_end;p+ + )
  if (*p> max) { max= *p; }        /* 改变指针地址中变量的值* /
  else if (*p< min) { min= *p; }
}
```

从代码中可以看出实参把数组名和数组长度传入形参之中，这时形参接收了数组的地址。在 for 循环中，指针指向 x [1]，每次执行 p＋＋都会取出指针 p 指向的数组地址中的数值进行比较，将最大值放入 max，最小值放入 min。

# 9.3.3　指针——字符串隐藏的"奇兵"

字符串在内存中以字符数组的形式储存，它本身就是一个字符数组。如果我们想要调用字符串中的元素，可以利用数组下标对字符串中的某个元素进行调用。除了这种方式，有没有更直接的方式呢？那就是使用字符指针。

字符指针会指向字符串的首地址，通过 p＋＋操作不断移动指向字符串中的各个元素，即使不调用数组下标，也能通过字符指针移动对字符串中的某个元素进行操作。相比较字符数组，指针对字符串数组中元素的操作更加方便，更能达到出其不意的效果。

字符指针在字符串中有哪些不可取代的优势呢？在哪些方面应用更加广泛呢？如图 9-13 所示。

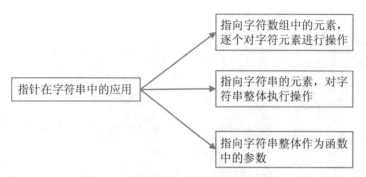

图 9-13　指针在字符串中的应用

指针变量是用来存放地址的变量，给指针变量赋值时需要加地址符号"&"，但是给字符指针赋值时可以利用字符串直接"赋值"。例如：

```
char * p= "this is a word";
```

这是因为上述语句并不是把字符串中的数值赋给了字符指针，只是把字符串"this is a word"放在了某个单元内存中，然后将这个单元内存的地址赋给了字符指针 p。

### 1. 指针指向字符串，字符数组靠边站

字符指针会指向字符串的首地址，通过 p＋＋操作不断移动指向字符串中的各个元素，即使不调用数组下标，也能通过字符指针移动对字符串中的某个元素进行操作。相比较字符数组，对字符串数组中元素的操作更加方便，更能达到出其不意的效果。例如：

```
# include< stdio.h>
# include< string.h>
void main()
{   char *p =  "abcdef";
    p= p+ 4;
    printf("input the latter str is : %c\n", * p);
}
```

在以上代码中，字符串常量的地址赋给了字符指针 p，指针向后移动 4 个字节，指向了字符"e"字的地址，此时我们就可以通过"＊"取出"e"字并输出。如果是字符数组的形式，我们还要考虑字符"e"字的下标，然后调用，字符指针则完全没有这个烦恼。

举例来说，现在有一串字符，我们需要摘出第 10 个字符后的所有字符，使用字符指针操作非常简单，程序代码如下：

```
# include< stdio.h>
# include< string.h>
void main()
{ char*p;
char str[20];
p= str;
gets(str);
p= p+ 10;                    /* 指针后移 10 个字符* /
printf("input the latter char is : %s\n", p);}
```

对于字符串之间的关系运算来说，字符指针也发挥着十分重要的作用。假如现在行政部门在进行项目整理，需要把项目名称和项目资金连接成一个字符串输出。因为项目名称和资金是两个不同的字符串，可以考虑用 strcat 函数把它们连接起来，但是项目名称字符串中还包含着负责人的姓名。这个时候，字符指针就变得尤为重要。截取字符串中部分字符连接代码如下：

```
# include< stdio.h>
# include< string.h>
void main()
{   char*p;
    char str1[100],str2[50]= "项目金额";
    p= str1;
    printf("please input str1:\n");
    gets(str1);
    puts(str1);
    p= str1+ 5;
    strcat(str2,p);
    printf("the latter str2 is:\n");
    puts(str2);
}
```

### 2. 字符指针作参数，解决问题更高效

当字符指针作为函数的形参，实参一般为字符数组名的形式，传递的是字符的地址。我们编程过程中经常使用字符类型数据，如何让函数可以一次返回多个字符值呢？那就是让字符指针作参数。比如选出字符串中所有大写字母存入另一个字符数组中，并把符合要求的个数作为返回值输出。程序代码如下：

```
# include< stdio.h>
# include< string.h>
int show(char* s1, char* s2);
void main()
{
    char str1[50];
    char str2[50];
    int t;                          /* 存入大写字母个数* /
    printf("please input str1 : \n");
    gets(str1);
    puts(str1);
    t= show(str1, str2);
    printf("the choice char's number is %d:\n", t);
        printf("the choice latter is : \n");
        puts(str2);
}
int show(char* s1, char* s2)
{
    int i= 0;
    while (* s1! = 0)
    {
        if (* s1 > = 'A' && * s1 < = 'Z')
        {
          * (s2+ i) = * s1;           /* 将字符数组 s1 符合要求的值存入字
                                        符数组 s2* /

          i+ + ;
        }
        s1+ + ;
    }
    * (s2+ i) = 0;
    return i;
}
```

字符数组名本身就代表了字符数组的首地址，依旧是地址传递的方法。

## 9.3.4 指针——指向函数不常见

指针可以指向普通变量、数组、字符串，除此之外，指针还可以指向函数、指针等。可以说，指针是无所不能的，功能很强大。指针为什么可以指向函数呢？这是因为函数在内存中也占据着一定的存储区域，有自己的起始地址，指针可以存储函数的首地址（入口地址），以此达到访问函数的目的。

指针指向函数并不常见，但并不代表没有这种情况。

指向函数的指针一般形式为：

函数类型 (* 指针变量)([类型名表]);

例如 int（* p）(），其中指针变量外的括号必不可少，这表示指针变量指向的是一个函数，缺少这个括号就变成了返回指针值的自定义函数。

函数指针的调用格式一般为：

(* 指针变量)([实参表]);

例如：

```
# include< stdio.h>
int swap(int a,int b)
{
    ...
}
void main()
{
    int (* p)(int,int);
    p= swap;
}
```

当把函数的地址赋给指针时，函数名后不带任何括号和参数，这表明把函数值的首地址赋给了指针 p。

现在要求你定义一个指向函数的指针，让这个指针指向函数 min（），函数 min（）的功能为两个数比较，求输出其中数值较小的数。如何通过调用指针实现调用 min（）函数的功能呢？程序代码如下：

```
# include< stdio.h>
int min(int x, int y);
int a,b,min1;
void main()
```

```
{
    int (*p)(int,int);
    p= min;
    printf("please input two numbers:\n");
    scanf(" %d %d", &a, &b);
    min1= (*p)(a, b);
    printf("min= %d\n", min1);
}
int min(int x, int y)
{
    return(a < b ? a : b);
}
```

在上述代码中，首先定义了一个函数指针＊p，并通过赋值语句 p＝min 将函数的入口地址赋给了指针 p。然后我们在调用函数 min 时只需要直接使用 p 指针找到函数的起始地址，就会从地址的第一条指令开始执行。

 ## 剑指offer初级挑战

在我们的工作中有时候会遇到这样的数据：＊＊＊＊abc＊＊床前明月光＊＊＊＊＊，这是为了更好地区分不同类型数据。现在我们不需要这些"＊"字符了，想要删掉前后的"＊"，中间的保持不变。请你设计一个功能函数 del（）实现以上要求，已知需要用到字符指针作为这个函数的形参。你会如何编写程序呢？

offer 挑战秘籍：

☞ 删掉前后的"＊"符号，可以设计两个指针分别指向前面第一个"＊"和末尾最后一个"＊"。

☞ 利用指针移动，"挑选"出中间数据。

核心代码展示：

```
while (*p= = '* ')        /* 指针 p 指向字符串首部,遇到'*'+ 1* /
  {  p+ + ;  }
while (*q! = '\0')       /* 指针 q 移动到字符串末尾* /
  {  q+ + ;  }
    q- - ;              /* 指针 q 向前移动* /
```

```
    while(*q= = '* ')        /* 指针 q 遇到末尾第一个'*'*/
{      /* 指针向前移动*/
    q- - ;
  }
  while (p < = q)        /* 取中间数据*/
{  str1[i+ + ] = * p;
    p+ + ;
  }
```

第 **10** 章

让数据产生关联性——
链表操作技巧

　　每个人都有着属于自己的高效学习的方法，高效率，代表着行之有效、简单快捷。在 C 语言系统中，有没有什么高效的操作方法呢？有，那就是使用链表操作技巧。使用链表之所以能使编程更高效，是因为链表可以让若干个数据项产生关联性，节省内存空间。

　　在 C 语言中，链表这一数据结构的创造性使用是非常有意义的，它可以节省数组变量的内存空间，帮助程序设计人员实现数组的动态分配，提高运行效率。下面我们就一起看看链表是如何让数据产生关联性的吧。

# 10.1　让数据产生关联，链表有序生成

链表是什么呢？它又是什么样的结构呢？链表实际上就是一种特殊的数据结构，它的组成结构如图 10-1 所示。

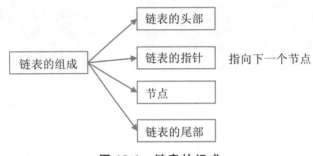

**图 10-1　链表的组成**

在数组中，我们无法使用变量表示数组的个数，也就意味着我们无法达到实现动态数组的目的。这样我们就必须事先规定数组所占的内存大小，极容易造成内存空间的浪费。

为了解决这一难题，在 C 语言中可以使用动态存储的方法，即通过链表将若干个数据项按照一定原则连接起来，这些数据项在物理上可以是不连续的序列。通过链表对这些不同数据的连接，使得这些数据产生一定的关联性，解决了实现动态数组的难题。

链表分为单向链表、双向链表和循环链表。图 10-2 中就是一个简单的单向链表，单向链表是链表中最简单的存在。了解了单向链表的结构就可以了解其他类别的链表，它们的结构都是相同的。

**图 10-2　链表简单结构示意图**

链表由三个部分组成，即链表头部、节点和尾部。

其中，节点是指那些链表上的数据项，数据项中的内容包括数据内容（数据域）和下一结点的数据地址（地址域）。链表中的第一个节点即为链表头部，不存放具体数据，只存放第一个节点的地址。

链表从头部开始，直到链表的尾部结束，链表尾部的地址中存放 NULL。链表通过指针指向下一个节点对这个数据项进行操作。节点中的数据可以是整型、字符

型、字符串等类型。

链表是一个数据结构体，它的一般形式为：

```
struct node
{  int a;                    /* 节点中的数据类型 */
   struct node * next;       /* 链表中的指针 */
};
```

 技巧集锦

第一，链表的节点个数可根据实际需要进行增减，节约了内存空间。

第二，链表中除去头部和尾部，每一个节点都是同一结构类型，包括地址域和内容域。

## 10.2    链表的 S 型形态

链表中的节点是由指针连接起来的，它的结构示意图看起来就像一个"S"，这是链表的基础形态，如图 10-3 所示。

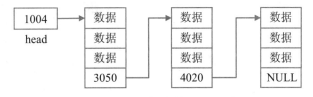

图 10-3    链表的基础 S 形态

在链表中，每个节点包含的数据往往是不同的数据类型，这样可以让不同数据类型构成一个整体被程序员开发利用，精简了操作流程。

在图 10-3 中，链表的头指针指向的地址为 1004，按照指针找到了首地址为 1004 的数据，然后根据第一个节点中的地址 3050 找到第二个节点的首地址。

```
typedef struct list
{   int a;                      /* 节点中的数据类型 * /
    char a[10];                 /* 数据域中可以存放不同类型的数据，相应地址
                                   域也会变化 * /
    struct list * next;         /* 链表中的指针 * /
} SLIST;
```

定义链表时，链表中的结构只需要包含节点中的数据类型和指针即可。不要忘记最后的分号。

## 实力检测

链表定义虽然看上去结构稍复杂，但是只要我们包含两大要素就可以定义一个链表了。现在请你定义这样一个链表：节点为你身边的同事的个人信息，包括工号、姓名、年龄、籍贯。把这些个人信息串联起来形成一个链表，你会如何定义呢？

答案示例：

```
typedef struct list
{   char name[10];              /* 同事姓名 * /
    int age;                    /* 同事年龄 * /
    int num;                    /* 同事工号 * /
    char a[10];                 /* 同事籍贯 * /
    struct list * next;         /* 链表中的指针 * /
} SLIST;
```

## 10.2.1　内存管理函数——为链表"量身定制"

链表可以用来动态分配内存，在程序运行过程中动态向系统申请或者释放空间。它是怎么做到的呢？这就需要使用系统内存管理函数了。

内存管理函数是库函数，包含在 stdlib.h 头文件中，链表可以通过内存管理函数申请内存空间。常见的内存管理函数见表 10-1。

表 10-1　内存管理函数及其功能

| 函数及其函数原型 | 功能 |
| --- | --- |
| malloc（）函数<br>void ＊ malloc（unsigned int size） | 在内存的动态存储区分配一块大小为 size 的连续空间，返回一个指向分配区域起始地址的指针，失败则返回 NULL |
| calloc（）函数<br>void ＊ calloc（unsigned int num,<br>unsigned int size） | 在内存的动态存储区分配 num 个字节大小为 size 的连续空间，返回一个指向分配区域起始地址的指针，失败则返回 NULL |
| free（）函数<br>void free（void ＊ ptr） | 释放内存区空间 |

当我们需要调用这些函数时，不需要定义，只需要将 stdlib.h 头文件包含在程序之中，就可以直接通过这些函数赋予链表内存空间大小。

**技能升级**

### 如何调用 malloc（）函数

malloc（）函数使用过程中会返回一个无类型的指针，必须将返回值转换为被赋值指针变量的类型。

一般调用形式为：（类型说明符＊）malloc（size）

例如 p＝（char＊）malloc（100），表示函数的返回值是一个指向字符数组的指针，并分配了 100 个字节空间。

## 10.2.2　定义功能函数——让链表使用简单化

链表被定义以后我们就可以使用它了吗？如何调用这个链表呢？链表作为一个数据结构体，不同于一维数组结构，它的建立、输出比较复杂。为了减少代码数量，让逻辑框架更加清晰，我们可以把链表的基础操作整合为一个功能函数，这样链表的使用就会变得很简单。

链表的基础操作包括建立、输出、插入、删除等操作，如图 10-4 所示。

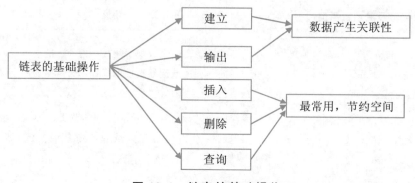

图 10-4　链表的基础操作

当我们需要使用链表结构时，调用这些功能函数即可。我们可以把建立链表的语句整合为 SLIST * create（）函数，它的具体程序代码如下：

```
typedef struct list              /* 链表定义 */
{   int data;                    /* 节点中的数据变量,数据变量可以
                                    是多个 */
    struct list * next;          /* 链表中的指针 */
} SLIST;
SLIST * creat(int * a)           /* 创建链表函数,数据类型为整型变
                                    量 */
{  SLIST * head,* p1,* p2;
   int i , a[5]= {1,2,3,4,5};
   head= p1= (SLIST * )malloc(sizeof(SLIST));
                                 /* 定义 head 头结点并产生指针 */
   for(i= 0;i< 5;i+ + )          /* 循环产生 5 个节点 */
{  p2= (SLIST * )malloc(sizeof(SLIST));
                                 /* 产生一个节点 */
   p2- > data= a[i];            /* 数据复制 */
   p1- > next= p2;             /* 节点连接 */
   p1= p2;
}
p1- > next= 0;
return head;
}
```

在链表的建立函数中，定义 3 个 SLIST 类型的指针，head 指针指向头结点，p1 指向当前节点，p2 指向新生产的节点。可以利用这 3 个指针实现给节点中的数值域进行赋值的目的。

我们如何输出链表中的节点数据呢？为了减少操作步骤，我们可以建立一个输出函数，让这些数据以链表的形式输出，链表的输出函数 output（）代码如下：

```
void output(SLIST *h)            /* 头部指针 h* /
{  SLIST *p;
   p= h;                         /* 指针 p 指向头部* /
printf("the data in list is:\n");
while(p! = NULL)                 /* 指针开始按顺序移动,检查是否
                                    到了链表尾部* /

{
   printf("%d- > ",p- > data);   /* 输出链表节点中的数据,data
                                    为链表中的 int 整数* /

   p= p- > next;                 /* 指向下一个节点* /
}
printf("NULL\n");
}
```

p—>data 中的变量 data 是链表定义中的整型变量，data 的数据类型可以根据我们的需要存放在结点中。变量 data 一般在链表的建立中赋值或者初始化。

 **新手误区**

链表的建立和输出并没有我们想象的那么简单，在这个过程中我们会犯哪些错误呢？

示例一：

```
while(p1! = NULL)
{ printf("%d",* p1);
  p1= p1- > next;}
printf("NULL\n");
```

这个示例错误的原因在于链表中的节点所包含的数据个数我们是不知道的。编程者原意是取出指针中地址的值并输出，但是在链表中指针的移动是根据节点移动的，所以我们无法使用 * 运算符。

示例二：

```
typedef struct list
{   int a;
    struct list * next;
} SLIST;
list= {1,2,3,4,5};
```

这个示例错误的原因在于定义了链表结构类型可以直接使用链表并赋值。链表在建立过程中，其实就是初始化的表现，我们要对 head、指针等类型进行赋值和说明。链表的建立可不仅仅是定义那么简单的。

我们对链表最常用的操作是插入结点和删除结点，比如需要临时添加一个结点并向系统申请内存空间。我们可以把这些基本语句整合为一个函数，插入结点函数 insert () 代码如下：

```
void insert(SLIST * h,int a)
{   int i;
    SLIST * p1,* p2,* t;            /* 定义链表型指针* /
    t= h;
    p1= h;                         /* 指针 p 指向头部指针* /
    p2= (SLIST * )malloc(sizeof(SLIST));
    p2- > data= a;
while(p1! = NULL)                  /* 检查是否到了链表尾部* /
{   if(a> p1- > data)             /* 如果添加的数据 a* /
    { t= p1; p1= p1- > next;}     /* 大于节点中的数据 data,指针后移* /
    else
    {break;}
}
p2- > next= p1;
t- > next= p2;
}
```

链表中的结点是有规律性的，它们是有序的结点。在以上代码中，我们申请了一个新的结点，因为数据是从小到大排列，所以会按照这个规律放在合适的位置。

我们在删除链表中的结点时，不要忘记释放指针的空间内存，删除结点的 delete () 函数代码如下：

```
void delete(SLIST * h,int a)
{  SLIST *p1,*p2;             /* 定义链表型指针* /
   p1= h;                     /* 指针 p 指向头部指针* /
   p2= p1- > next;
while(p2! = NULL)             /* 检查是否到了链表尾部* /
{  if(p2- > data= = a)
  { p1- > next= p2- > next;
    free(p2);
    p2= p1- > next;
    }
else
{ p1= p2;p2= p2- > next; }
}
}
```

我们时常需要查找链表中符合要求的数据，比如在链表中找到和变量 x 相同数值的数据并输出。查找结点中的数据 search（）函数代码如下：

```
void search(SLIST * h,int a)
{
  SLIST * p1;              /* 定义链表型指针* /
  int i= 0;                /* 指针 p 指向头部指针* /
  p1= h;                   /* 指针 p 从头结点开始向后移动* /
  while(p1! = NULL)        /* 检查是否到了链表尾部* /
{  i+ + ;
  if(p1- > data= = a)
  {
    printf("the %d is %d\n",i,a);
    return;
  }
  p1= p1- > next;
}
printf("NO number\n");
}
```

我们定义了以上 5 个功能函数来分别执行对链表不同的操作，一旦我们需要使用链表，只需要根据需求调用函数即可，十分方便。假如现在有 x 名员工的信息，包括姓名和工资，你需要把这些信息放在一个带头结点的链表中，并找出员工工资的最大值。你会如何编写程序呢？

当我们建立了链表的几个函数功能后，我们就可以利用这些函数来实现一些程序功能了。具体来说，需要用到 create（）函数建立链表，output（）函数输出链表，除此之外，需要定义一个 max（）函数求出最大值。部分程序代码如下：

```c
# include< stdio.h>
# include< stdlib.h>
# include< string.h>
typedef struct staff
{
  char name[5];
  int wages;
  struct staff*  next;
} SLIST;
void output(SLIST * h);
SLIST * creat(int*  a, char nm[5][10]);
SLIST * maxl(SLIST * h);
int main()
{
  SLIST * h, * t;
  int a[5]= { 5000,4000,6000,7000,6600};
  char nm [5] [10] = { "zhangsan","lisi","wangwu","zhaoliu",
"qianqi"};
  h= creat(a, nm);
  output(h);
  t= maxl(h);
  printf("the max is :\n");
  printf("%s %d\n", t- > name, t- > wages);
}
SLIST * creat(int * a,char nm[5][10])
{
    …                   /* 链表的建立函数的定义 */
}
void output(SlIST * h)
{
    …                   /* 链表的输出函数的定义 */
}
SLIST*  maxl(SLIST * h)
{  SLIST * p1, * p2;
```

```
p1 = h;
int max = 0;
p2 = p1;
while (p1 ! = NULL)
{  if (p1- > wages > max)
  {max= p1- > wages;          /* 查找工资最大值并返回函数定义* /
   p2= p1;
  }
   p1= p1- > next;
 }
   return p2;
}
```

通过以上代码我们可以看出，通过调用自定义函数，主程序中代码数量明显减少，整个逻辑框架也变得清晰起来，十分方便。

同样，当我们需要对链表中的数据进行插入或者删除的操作时，我们也可以调用 insert（）函数或者 delete（）函数，这样分不同功能去创建函数可以有效减少有关链表基础操作代码的重复性，效率也会得到提高。

## 10.2.3　链表和数组的比较

链表和数组很相似，它们都可以用来存储多个数据。它们有什么区别呢？我们在什么样的情况下会优先使用链表呢？

在运用数组时我们必须先给它分配内存空间，如果开辟的空间过大就容易分配失败。如果我们想要对数组元素进行插入和删除的操作，操作过程极其繁琐。

链表比较独特，它不用向系统申请连续的内存空间，存储数据非常灵活。它通过指针建立各个结点间的联系，所以插入数据和删除数据的效率很高。链表和数组优缺点比较如图 10-5 所示。

在一个程序中，如果我们需要经常添加和删除数据元素，使用链表是一个很好的选择，我们只需要修改元素中的指针即可。链表可以实现动态分配内存空间，可以节约内存空间。结点之间通过指针连接，灵活性很高。

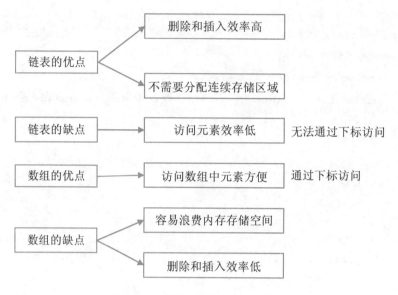

图 10-5　链表和数组的优缺点比较

## 剑指offer初级挑战

假如公司现在有职员要离开，同时有新的职员要入职，人事部需要增加新职员信息并删除离职人员信息。员工的信息包括姓名、身份证号和手机号，这些信息被放在一个带头结点的链表中，已知 insert（）函数和 delete（）函数可以实现链表结点的插入和删除。请你定义这两个功能函数并实现结点的动态分配，你会如何编写程序呢？

offer 挑战秘籍：

☞ 我们需要使用链表将员工信息连接起来，一个员工信息是一个节点，节点中包含姓名、手机号、身份证号等信息，需要用到建立链表函数。

☞ 利用 insert 和 delete 函数进行节点的添加和删除。

核心代码展示：

```
# include < stdio. h>
void main()
{
SLIST * h, * t;
char nm [5][10] = { " zhangsan"," lisi"," wangwu"," zhaoliu","
qianqi" };
h = creat(nm);
insert(h,liujiu);          /* 添加 liujiu 姓名* /
delete(h,wangwu);         /* 删除 wangwu 信息* /
output(h);
}
```

# 第 *11* 章

让变量存储更自由——
结构体与联合体

在 C 语言中，把一些零散语句整合为功能函数，会让调用更加方便，也会使得程序本身的框架更加清晰。同样，在 C 语言中也有很多零散的数据变量，它们都指向同一个对象。那么，这些有密切联系的不同的数据类型可不可以形成一个整体呢？当然可以，那就是使用结构体和联合体。

结构体和联合体这两种数据类型是数据构造体，可以用来存储不同数据类型的变量，让变量的存储更加自由。接下来我们就一起来看看结构体和联合体的用法吧。

## 11.1    跨类型存储新宠——结构体

在实际的编程中，我们经常发现好多数据之间是相互联系的，而且密不可分。比如员工的姓名、工号、手机号、所在部门等，这些数据代表着一个人的基本信息，我们能不能把这些数据变量整合到一起，将不同数据类型的变量存储在一个整体之中呢？

使用结构体就可以帮我们解决信息整合的问题，因为结构体可以包含不同数据类型的变量，极大程度满足了我们对数据变量整合的要求。结构体这种跨类型存储变量的特性使得数据信息更加紧密联系，调用数据变得更加方便。

### 11.1.1    结构体——整合不同数据类型

结构体是什么？顾名思义，结构体就是一个"构造"的数据类型。它又是如何把不同数据类型的变量存储在一个结构中的呢？结构体的一般形式如下：

```
struct 结构体名
{
    类型说明符 结构体成员名 1;
    类型说明符 结构体成员名 2;
    ...
    类型说明符 结构体成员名 n;
};
```

结构体将不同类型的数据组合在一起，属于一个整体。特别要注意的是，不能忘记分号。其中，结构体成员名的数据类型可以不相同。例如：

```
struct staff
{   char name[20];              /* 员工姓名 * /
    char phone;                 /* 电话 * /
    char depart[30];            /* 部门 * /
    float time;                 /* 工作时长 * /
};
```

定义好结构体类型以后，如果想要使用这种类型结构，第一步需要做的是什么？当然是声明一个结构体变量。

有三种方法可以定义结构体变量。

方法一：定义结构体类型的同时定义变量。例如：

```
struct staff
{
  char name[20];           /* 姓名*/
  char phone;              /* 电话*/
  char depart[30];         /* 部门*/
  float time;              /* 工作时长*/
}staf1,staf2;
```

其中 staf1 和 staf2 是结构体变量，每个变量是结构体类型，即每个变量都包含了姓名、电话等数据，可以使用赋值语句进行赋值。

方法二：先定义结构体类型然后再定义结构体变量。例如：

```
struct staff staf1,staf2;              /* 定义结构体变量*/
```

方法三：省去结构体类型名定义。例如：

```
struct
{
    ...                    /* 结构体定义*/
}staf1,staf2;
```

 **技巧集锦** ————————————————————————————————————————

　　第一，结构体类型与结构体变量完全不同，它们之间的关系就像 float a，结构体类型相当于 float，结构体变量相当于 a，可以对结构体变量存取、赋值，结构体类型就不行。

　　第二，结构体成员可以是一个结构体变量。

　　第三，成员名可以和结构体变量名相同，操作互不干扰。

## 11.1.2　使用超方便的结构体变量

　　结构体变量拥有很多成员，数据类型不相同，对它们进行基础操作，可用以下形式进行赋值：

```
struct date
{
    int num;                    /* 消费订单 */
    char name[20];              /* 姓名 */
    float money;                /* 消费金额 */
}p1;
    scanf("%d",&p1.num);
    p1.num= 0014590;
    scanf("%s",p1.name)
    strcpy(p1.name,"zhangyiyi");
    scanf("%f",&p1.money)
    p1.money= 10.000;
    printf("%d",p1.num);
    printf("%s",p1.name);
    printf("%f",p1.money);
```

结构体变量的引用和数组相似，我们只需要在每个成员变量前面加上结构体变量的名称即可，就可以完成对这些成员变量元素的引用和赋值、计算等操作，十分方便。我们需要注意的是，当为字符数组赋值时，不需要加地址符号"&"。如果是对字符数组直接赋值，要注意不可以使用"="赋值，如果需要对字符数组赋值，要使用 strcpy（）函数进行赋值。

C语言中虽然不支持对结构体变量整体进行赋值，但是结构体变量之间允许赋值，如 p1 中各个成员都已经赋值，可以使用 p1＝p2 的形式为 p2 进行赋值。

 **新手误区**

在引用结构体变量时经常会犯哪些错误呢？
示例：

```
struct date
{
    int num;                    /* 消费订单 */
    char name[20];              /* 姓名 */
    float money;                /* 消费金额 */
}p1;
    p1.num= 001283794590;
    p1.money= 10.000;
    p1.name= "zhangyiyi";
```

这个示例错误的原因在于给字符数组直接赋值。对结构体变量来说字符数组名是一个首地址，不可以直接赋值。

# 11.2　如何操作一个结构体

从本质上来看，结构体变量是一个变量，它作参数时，有两种情况，如图 11-1 所示。

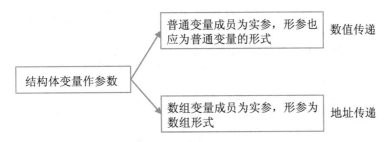

**图 11-1　结构体变量作参数**

简单来说，我们对结构体变量进行参数传递，其实是对它的变量成员进行某些操作，在进行参数传递时，一定要写清楚传递的变量成员名称，不同的数据类型可以传递不同的信息。

现在有一个 add _ wages 结构体类型，包含以下内容：工号、姓名、薪资。其中，薪资是由基本工资、绩效、奖金三部分组成。现在公司想要调薪，规定基本工资所有人上调 1000 元，奖金每人增加 500 元。增加完以后，如果每部分薪资不超过 2000 元，按照 2000 元计算。请你现在来操作这个结构体实现这些功能。程序代码如下：

```
# include< stdio.h>
# include< string.h>
struct add_wages
{   int num;
    char name[10];
    float wages[3];              /* 声明结构体类型 */
};
void output(struct add_wages a);        /* 输出结构体变量各个成员函
                                        数 */
void add(float wages[]);        /* 功能函数,增加工资 */
```

```
void main()
{   struct add_wages a ;                    /* 定义结构体变量 a* /
    a.num= 001;
    strcpy(a.name,"liyi");
    a.wages[0]= 3120; a.wages[1]= 3010;     /* 结构体变量赋值过
                                               程* /

    a.wages[2]= 1020;
    output(a);
    add(a.wages);                           /* 调用函数过程,没有返回值* /
    printf("\n");
    output(a);
}
void output(struct add_wages a)
{   int i;
    printf("%d %s ", a.num, a.name);
    for (i =  0; i< 3; i+ + )
        printf("%0.1f ", a.wages[i]);
    printf("\n");
}
void add(float wages[])
{   int i;
    wages[0] = wages[0]+ 1000;
    wages[2] = wages[2]+ 500;
    for (i = 0; i <  3; i+ + )
    { if (wages[i] <  2000)
      {
          wages[i] = 2000;
      }
    }
}
```

在上述代码中，我们把结构体变量 a 的数组成员（a.wages）作为实参，形参 wages［］作为形参，实现了地址传递，因此形参数组的改变可以影响到实参，输出的薪资发生了变化。

## 实力检测

结构体变量之间也可以进行数值的传递，将 add _ wages 结构体类型程序进行修改，考虑使用返回值将形参的值带回到调用函数中，你会如何修改 add（）函数呢？

部分答案示例：

```
struct add_wages add(struct add_wages b)
{
  int i;
  for(i= 0;i< 3;i+ + )
{
  b. wages[0]= b.wages[0]+ 1000;
  b. wages[2]= b.wages[2]+ 500;
   for(i= 0;i< 3;i+ + )
   {
    if(b.wages[i]< 2000)
    {b.wages[i]= 2000;}
  }
  return b;
}
```

我们可以先将 add（）函数修改为带返回值类型的有参函数，返回一个结构体变量成员数组 b，然后将主程序中的调用函数修改为 a＝add（a）即可。

结构体变量还可以和指针、数组等结合，形成特殊的结构类型，应用广泛。如图 11-2 所示。

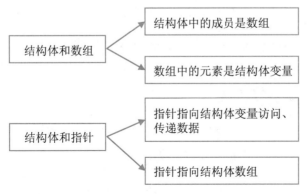

**图 11-2　结构体在数组、指针方面的应用**

结构体和数组的组合主要包括两个方面的应用：一是结构体中的成员是数组，可用来实现地址传递；二是指数组中的元素都是结构体变量，如 struct add _ wages a [10]代表数组 a 中有 10 个元素，每个元素都是结构体变量。结构体数组结构组成如图 11-3 所示。

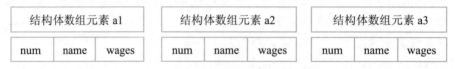

**图 11-3 结构体数组结构示意**

结构体数组可以处理多个结构体变量，减少了代码数量。例如：

```
struct person
{   int num;                /* 消费订单* /
    char name[20];          /* 姓名* /
    float money;            /* 消费金额* /
}p[5];
  void main()
{  …                        /* 顾客信息赋值过程* /
   int i;
   for(i= 0;i< 5;i+ + )     /* 同时输出 5 个顾客的信息,减少代码* /
{
   printf("%d %s %0.1f ",p[i].num,p[i].name,p[i].money);
}
}
```

结构体数组也可以作为函数的参数，和普通数组一样，实参到形参的传递为地址传递。

当结构体遇上指针，又会发生什么呢？当指针指向了结构体，我们可以使用该指针引用结构体变量的成员，引用方式为：变量指针→结构体成员名。例如：

```
struct person p1;              /* 定义结构体变量* /
struct person * p= &p1;        /* 指针和结构体变量建立指向关系* /
p- > money= 10.00;
(* p).money= 10.00;
scanf("%s",p- > name);         /* 变量指针和结构体成员的引用关系* /
scanf("%f",&p- > money);
printf("%f",(* p).money);
```

# 11.3　内存不够就找联合体解决

不同的变量在 C 语言内存区域都有着自己的内存空间，它们都是自己独占一段空间。当我们所需变量十分庞大，内存空间不够使用了怎么办呢？这就需要求助联合体来帮忙了。

联合体是一种数据结构，是我们"构造"出来的数据类型，不同于结构体每个变量成员都有自己的存储空间，联合体可以让多个变量共用一段内存空间。联合体之中各个成员之间的内存关系如图 11-4 所示。

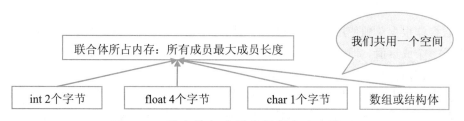

**图 11-4　联合体各成员之间所占内存关系**

联合体又被称为共用体，可以存储不同类型的数据变量，实现了变量的自由存储，节省了内存空间。共用体的定义形式和结构体类似，其形式为：

```
union 联合体类型名
{
  类型说明符 联合体成员名 1;
  类型说明符 联合体成员名 2;
  ...
  类型说明符 联合体成员名 n;
};
```

例如：

```
union un
{ int a;
  char b;
};
```

联合体变量的使用同结构体变量相同，首先定义联合体类型，然后再用该类型定义变量，不能整体引用联合体变量，只能引用某个联合体成员。例如：

```
union staff
{ int a;
  char b[20];
  float c;
}p1;                              /* 定义联合体类型的同时定义变量* /
 union staff p1;                  /* 先定义类型,再定义变量* /
   p1.a= 10;                      /* 直接赋值* /
   scanf("%d",&p1.a);             /* 利用 scanf()函数* /
   strcpy(p1.b,"zhangyiyi");      /* 利用字符串函数赋值* /
   scanf("%s",p1.b);
   printf("%d",p1.a);
   printf("%s",p1.b);
```

联合体很少单独使用，所有变量共用同一个空间，虽然会减少内存，但是每次只能赋予一个成员值，即一个联合体的值只能是某一个联合体成员的数值。联合体和结构体搭配使用，往往会取得很好的效果。

公司员工进行了一场职业水平测试，答卷分为两类，一类为专业测试，该成绩为百分制，另一类为等级测试，将员工水平分为 A—D 4 个等级。现在需要你输出员工的姓名、工号和成绩。员工的成绩会有两种形式，但属于同一个变量，因此可以考虑使用联合体的形式进行输出。程序代码如下：

```
# include< stdio.h>
union assess
{  int a;
   char b;
};
struct person
{  int num;
   char name[10];
   char depart[20];
   union assess ass;
}p;
void main()
{  int opt;
   printf("please input num, name, depart");
   scanf(" %d %s %s", &p.num, p.name, p.depart);
```

```
    printf("1: 0~ 100 score 2: A~ D assess\nplease input your
choice ");
    scanf("%d", &opt);
  if (opt == 1)
    { printf("input score(0~ 100)\n");
      scanf("%d", &p.ass.a);
      printf("the data is : \n");
      printf("%d %s %s %d\n", p.num, p.name, p.depart, p.ass.a);
    }
    else if (opt == 2)
    { printf("input A~ D assess\n");
      scanf("%s", &p.ass.b);
      printf("the data is : \n");
      printf("%d %s %s %c\n", p.num, p.name, p.depart, p.ass.b);
    }
  }
```

在上述代码中，我们首先使用了联合体结构，将员工成绩定义为联合体变量，然后将成绩共用体变量作为结构体的成员。由于共用体之中有两个类型的成员，当我们赋值给 int a 时，char b 是不起作用的，因此不用再特意给成员 b 赋值。

## 技能升级

### 为什么联合体不能做函数的参数？

联合体是通过内存覆盖技术来实现联合体变量各成员共用内存的目的，所以在某一时刻，联合体变量的内存地址中存放的、起作用的是最后一次赋予的成员的数值。新成员加入后，原成员就失去作用。在参数传递过程中，实现的是多个数值的传递，这一点联合体就不能满足需求。

联合体变量不能进行初始化，也不能作为函数返回值，如果我们想要引用联合体变量名得到一个数值，这是不可能达成的目标。

## 11.4　　谈谈联合体的"克星"

联合体可以让变量成员共用内存从而解决内存不够的问题,那么联合体有没有什么缺点呢? 联合体的缺点就是无法同时引用变量体成员,一次只能调用一个变量体成员,而且不同数据类型之间差异明显。例如:

```
union mode
{ int a;
   float b;
};
union mode u1;
u1.a= 10;
u1.b= 5.5;
printf("%f",u1.a);
```

在上述代码中,我们同时给变量成员 a 和 b 赋值,但每次调用只能调用一个变量,无法同时调用两个变量。

程序执行结果为 0,相信很多人会迷惑。

当我们赋予变量成员 a＝10 后,我们又随之赋予了变量成员 b＝5.5,由于 ＆u1.a＝＆u1.b,即在联合体之中各成员变量共用同一个地址,因此输出结果不是 10。

## 剑指offer初级挑战 ━━━━━━━━━━━━━

假如公司有一个出国进修的名额,现在要评选进修人员,这次参加评选的有 5 个候选人,需要全体公司员工进行投票选举。请你设计一个统计选票的程序,将公司员工选中的候选人的编号输入,并统计出这 5 个人的票数。已知候选人的信息是一个结构体,包含候选人编号、姓名、候选人票数等信息。员工可以输入候选人姓名或者候选人编号进行投票,你会如何利用结构体和联合体编写这个程序呢?

offer 挑战秘籍:

☞定义候选人信息结构体类型并定义变量,因为是 5 个候选人,可以用结构体变量数组来表示。

☞统计选票,当员工投候选人一票时,候选人票数＋1。

核心代码展示：

```
# include < stdio. h>
void main()
{
struct vote v[5]= {{"001",0},…{"005",0}};
count(v);
for(i= 0;i< 5;i+ + )
printf("%s %d",v[i]. num,v[i]. total);
}
void count(struct vote v[])     /* 统计票数 * /
{
char cno[5];          /* 员工投票* /
scanf("%s",cno)
for(i= 0;i< 公司人数;i+ + )
{
  if(strcmp(cno,"001")= = 0)
    v[i]. total+ + ;
    return;
}
}
```

# 第*12*章

## 巧用代码解决文件读写需求

　　说到文件，相信大家都不陌生，我们在平常的工作中经常使用文件来储存大量的数据和信息。但是你真的了解文件是什么吗？它在计算机中如何运行，如何存储？

　　文件是指一组相关数据的有序集合，我们通过访问文件名的形式来调用其中的数据。

　　在 C 语言中我们亦可以使用代码解决文件的读写需求，是不是觉得 C 语言很厉害？C 语言的厉害之处就在于它可以利用指针的特性，通过 FILE 指针指向文件，然后执行对文件的一些基本操作。下面我们就一起看看如何使用代码执行文件的命令指令吧。

## 12.1　如何定义 C 语言中的文件

经验告诉我们，程序运行结束后，数据会消失，对此应该如何保存它们呢？这就需要文件来帮忙了。

在 C 语言中，我们把文件视作一个字符序列，可以说文件是由一连串的字节组成的，访问文件就是访问其中的字节。

文件的分类如图 12-1 所示。

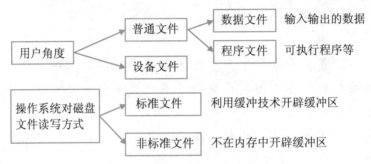

图 12-1　文件的分类

通过分类我们可以看出，程序所需要的数据一般存储在数据文件中，源文件、目标文件存储在程序文件之中。

在操作系统中，我们可以先用鼠标双击打开文件，然后读取数据。在 C 语言中，操作文件也会如此简单吗？我们如何打开这些数据文件和程序文件呢？

C 语言的文件的打开、读写都可以通过库函数来实现，这样不仅可以提高数据的处理效率，还可以减少代码数量，让程序更加便于操作和保存。

这些数据文件又是以什么形式存储的呢？具体参考图 12-2。

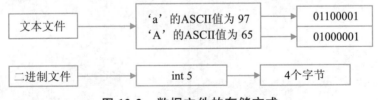

图 12-2　数据文件的存储方式

文本文件又称为 ASCII 文件，文件中的数据是字符的形式，每个字符占一个字节，用 ASCII 码表示。在文件输入时需要通过 ASCII 码转换为二进制再送入内存，读写速度比较慢，优点是打印时方便，便于理解和阅读。

二进制文件读写时不用进行转换，速度快，比文本文件节省存储空间。

## 技能升级

**标准文件和非标准文件中的缓冲区是什么？**

标准文件和非标准文件最大的区别就是是否使用了缓冲技术。为什么要使用缓冲技术呢？CPU 的计算速度远远高于外部磁盘，在程序运行过程中，如果每读取一个字节我们都去磁盘上取值，效率非常低。所以，我们利用缓冲技术在内存区域开辟了文件"输入缓冲区"，如图 12-3 所示。我们将文件暂时存放在缓冲区内，程序读取数据时可以直接从缓冲区中获得，大大节省了时间，提高了效率。

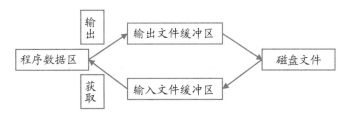

**图 12-3　程序利用缓冲区获得文件数据**

# 12.2　文件读取状态怎么获取

在 C 语言中读写每一个文件时，我们都需要获取如下信息：

文件在磁盘中的读取位置（存储路径）
文件的类型（二进制文件或文本文件）
对文件进行何种操作（读或写）
对文件以怎样的方式读写（读一个字符或读一个字符串）
该文件调入到内存缓冲区的地址

为了方便我们获取文件的读取状态，标准文件系统为每一个文件定义为结构体类型，命名为 FILE，这个结构体变量中包含了读取文件所需要的基本信息。FILE 结构体类型的定义包含在 stdio.h 头文件中，我们只需要掌握它的使用方法即可。

如果我们想要获取文件的状态，可以使用 stat（）函数来获取文件状态，stat（）函数的原型如下：

```
int stat(const char * path, struct stat * buf);
```

其中，path 表示文件或者文件夹的路径，buffer 表示获取的信息保存在内存中。通过函数的调用我们就可以获取文件的读写状态。

在实际应用中，对文件的操作往往会转化为对指针的操作。例如：

```
FILE* fp;
```

定义一个 FILE 类型的指针，指针名为 fp，该变量中包含了文件信息，并返回该文件内存缓冲区的地址。

## 12. 3    文件的读写操作——fopen（）

如果想要对文件进行读写操作，需要用到 fopen（）函数，fopen（）函数可以看作是 file open 的简写。

fopen（）函数的调用格式一般为：

```
FILE  * fp;
fp= fopen(文件名,文件操作方式);
```

fopen（）函数的功能为打开一个由"文件名"指向的文件，读写方式由"文件操作方式"的值决定。例如：

```
# include< stdio.h>
void main()
{ FILE * fp;
  if ((fp =  fopen("c:\\file.text", "r")) = =  NULL)
  { printf("the file is not exit!"); exit(0); }  /* 正常退出程序* /
    else
        printf("the file has not opened!");
}
```

上述代码中的 exit（0）语句代表结束整个程序，exit 和 return 的区别在于 exit 不管处于程序的什么位置都会结束整个程序，return 则会返回调用处。exit（非零）表示程序有错误。

其中，"r"操作方式的值代表只读，意思是以只读的方式打开一个字符文件。文件常见的操作方式见表 12-1。

表 12-1　文件操作方式形式以及含义

| 文件操作方式 | 含义 |
| --- | --- |
| "r"（只读） | 以只读方式打开一个字符文件 |
| "rb"（只读） | 以只读方式打开一个二进制文件 |
| "w"（只写） | 以只写的方式打开一个字符文件，文件指针指向文件首地址 |
| "wb"（只写） | 以只写的方式打开一个二进制文件 |
| "a"（追加） | 打开字符文件，文件指针指向尾部并在该位置处添加数据 |
| "ab"（追加） | 打开二进制文件，文件指针指向尾部并在该位置处添加数据 |
| "r+"（读写） | 以读写方式打开一个已经存在的字符文件 |
| "rb+"（读写） | 以读写方式打开一个已经存在的二进制文件 |
| "w+"（读写） | 以读写方式新建一个字符文件 |
| "wb+"（读写） | 以读写方式新建一个二进制文件 |
| "a+"（读写） | 以追加方式打开一个字符文件 |
| "ab+"（读写） | 以追加方式打开一个二进制文件 |

# 12. 4　将文件关闭的操作——fclose（）

文件执行读写操作后，为了释放该文件所占的内存缓冲区间，需要将文件关闭。如果不及时关闭文件，有可能文件会被误用从而导致文件信息丢失或混乱。

文件关闭使用的函数为 fclose（）函数，它的一般调用形式为：

```
fclose(文件指针);
```

fclose（）函数如果成功关闭文件将会返回数值 0，如果没有正常关闭文件将会返回非零值。例如：

```
# include< stdio.h>
int main()
{ FILE * fp;
  fp= fopen("c:\\file.text","r");
  ...
  fclose(fp);
}
```

### 技巧集锦

第一，如果没有正常关闭文件，可能是写入磁盘不成功，该文件正在被其他程序占用。

第二，如果该文件已经关闭或者这个文件无效也会导致 fclose（）函数返回非零值。

第三，对于不用的文件要记得及时关闭，避免数据丢失，还可以释放缓冲区域的空间。

# 12.5　文件读写函数——fgetc() 和 fputc()

在对文件进行读写操作时，如何输入和输出呢？在 C 语言中，提供了几个读写函数，通过调用这些读写函数，我们可以在文件中输入我们需要拼写的内容或者输出我们需要的数据。文件读写函数类型如图 12-4 所示。

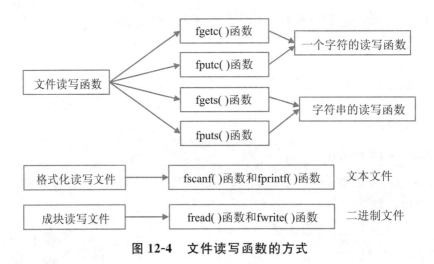

**图 12-4　文件读写函数的方式**

字符读写函数 fputc() 可以看作 file put char 的简写，利用 fputc() 函数把单个字符输入磁盘文件中。

fputc() 函数的原型为 int fputc（int ch，file ＊fp）。它的一般调用格式为：

```
fputc(ch, fp);
```

它的功能是将字符输入到指针 fp 指向的文件中。ch 是我们要输入到文件中的字符，可以是字符常量，也可以是字符变量。例如：

```
fputc('A', fp);
或者 fputc('B', stdout);          /* stdout 为输出设备,比如显示器* /
```

字符读写函数 fgetc () 可以看作 file get char 的简写形式，利用 fgetc () 函数从文件中读出一个字符。fputc () 函数的原型为 int fgetc (file * fp)。它一般的调用格式为：

```
fgetc(fp);
```

它的功能是从磁盘文件中读取一个字符，如果成功，就返回读取的字符，如果失败，则返回 EOF。例如：

```
char c;
c= getchar();
或者 c= fgetc( stdin);          /* stdin 为输入设备,比如键盘* /
```

fputs () 函数可以看成 file put string 的简写形式，函数原型同 fputc () 相似，只是把字符换成了字符串的形式，其原型为：

```
int * fputs(char * str, FILE * fp);
```

它的功能是把字符指针指向的字符串输入到文件指针指向的文件中，如果输出成功，返回最后的字符，如果失败则返回 EOF。例如：

```
fputs("字符串数据", fp);
```

我们需要写入的数据可以是字符串常量或者字符数组的形式，也可以是字符指针。

fgets () 函数用法同 fputs () 函数相似，它的数据原型为：

```
char * fgets(char * str, int n, FILE * fp);
```

该函数可以从文件中读取 n-1 个字符，并把这些字符存入到指针 str 所指向的字符数组中。如果成功，返回 str 的首地址，失败的话则返回 NULL。例如：

```
char str[10];
fgets(str,10,stdin);
```

需要注意在读取字符时，读取 n-1 个字符后会自动添加 '\n' 结束符，即当我们输入 1234567890 时，字符数组只能得到前 9 个字符，显示为 "123456789"。

文本数据以字符串形式输入，代码是不是会更加简单呢？以字符串函数显示文本的代码如下：

```
# include< stdio.h>
# include< string.h>
void main()
{ FILE *fp;
  char a[37];              /* 每行不超过 37 个字* /
  if ((fp =  fopen("c:\\file1.txt", "w")) = =  NULL)   /* 只写方式
                                                   打开文件* /
  {
  printf("file1 cannot be opened\n");            /* 非正常退出程序,确
                                                 保打开文件* /
        exit(1);
  }
      fputs(a, fp);          /* 写入磁盘文件* /
      fputs("\n", fp);
  fclose(fp);
}
```

通过以上代码我们发现，使用字符串函数读写文件，代码一下子变得更加简洁了。如果我们的文件要求了每行的字符数，使用字符串读写函数就是一个很好的选择，可以有效控制文件每行的字符数。

## 实力检测

现在到了检验成果的时候了，我们需要判断一个文件中单词的数量，已知每个单词间都用空格号分隔，文件首部没有空格。你会如何编写程序呢？

部分答案示例：

```
# include< stdio.h>
# include< string.h>
int main()
{
  FILE*  fp;
  int count;
  char ch;
```

```
    if ((fp= fopen("c:\\file1.txt", "r") )= = NULL)    /* 只读方式打
                                                           开文件,读取字
                                                           符* /

    ...
  if(ch= = ' ')
  count+ + ;
  }
```

字符读写函数和字符串读写函数只是形式上稍有不同，但本质上都是对文本文件进行读写操作，我们可以通过这些函数对文件的内容进行输入和读取。

fscanf（）函数和 fprintf（）函数可以实现文件的格式化输入和输出。所谓格式化，是指按照"格式控制字符串"中规定的格式，在文件指针所指向的文件中输入"输出项列表"中的数据。

# 12.6　成块读写文件——fread（）和 fwrite（）

在 C 语言中，fread（）函数和 fwrite（）函数读写文件需要采用二进制模式，否则就会出现问题。

fread（）函数的一般调用模式为：

```
 fread(buffer,size,count,fp);
```

buffer 是一个指针地址，代表读入数据的存放地址。size 代表数据类型所占用的字节数，count 代表需要读写大小为 size 的数据项的数量，fp 为文件指针，指向要读取的文件。例如：

```
 fread(buffer,20,5,fp);
```

该语句的含义是从文件中读取 5 个字节大小为 20 的数据项，并存放到相应的内存地址之中。

fwrite（）函数的一般调用模式为：

```
 fwrite(buffer,size,count,fp);
```

buffer，size，count，fp 等参数含义和 fread（）函数含义相同。例如：

```
 fwrite(ps,sizeof(PER),5,fp);
```

该语句的含义是在指针 fp 指向的文件中写入 5 个 PER 结构体的数据,从指针 ps 所指向的内存空间中读取数据。

如何使用 fread () 函数和 fwrite () 函数利用二进制文件读写数据呢? 例如,现在要求从键盘上输入 3 名员工的工资信息保存到文件 file2. txt 中,然后读取信息并显示,代码如下:

```c
# include< stdio.h>
typedef struct staff
{
  int num;
  char name[10];
  float wages;            /* 税前工资* /
  float swages;           /* 税后工资* /
}STA;
void main()
{
STA s[3], a[3];         /* 定义两个数组,用来存放数据* /
FILE * fp;
int i;
for (i = 0; i < 3; i+ + )
  {printf("please input the num, name, wages, swages:\n");
 scanf("%d %s %f %f", &s[i].num, s[i].name, &s[i].wages, &s[i].swages);
  }
fp = fopen("c:\\file2.txt", "wb");   /* 只写方式打开二进制文件* /
for(i= 0;i< 3;i+ + )
{ fwrite(&s[i],sizeof(STA),1,fp);}       /* 写入数据* /
fclose(fp);
fp = fopen("c:\\file2.txt", "rb");   /* 只读方式打开二进制文件* /
for (i = 0; i < 3; i+ + )
fread(&a[i], sizeof(STA), 1, fp);        /* 读出 3 个数据块,存入指针
                                            a 指向的内存空间* /
for (i = 0; i < 3; i+ + )
{ printf("%d %s %f %f\n", a[i].num, a[i].name, a[i].wages, a[i].swages); }
  fclose(fp);
}
```

从以上代码中我们可以看出,使用 fread () 函数可以读取文件中的数据,并将

这些数据存入了指针 t 所指向的地址之中。在使用 fread（）函数和 fwrite（）函数时不要忘记读入数据的存放地址，即 buffer。

## 新手误区

fread（）和 fwrite（）函数由于调用时参数过多，因此很容易出现错误。我们在使用 fread（）和 fwrite（）函数时常犯哪些错误呢？

示例：

```
STA  s[3],t[3];
FILE * fp;
for(i= 0;i< 3;i+ + )
{  fwrite(s,sizeof(STA),1,fp);}
fp= fopen("c:\\file2.txt","rb");
```

这个示例错误的原因在于没有给数组 s［3］中每一个元素赋地址值。数组 s［3］是一个结构体数组，每个数组元素都是一个结构体变量。

我们在使用 fwrite（）函数时，第一个参数变量需要说明地址，数组名仅仅代表数组的首地址，第二个和第三个数组元素没有说明地址。另外，fwrite（）函数要以二进制文件形式读写数据。

# 12.7　其他能操作文件的函数

我们在读写文件中的内容时，往往从文件起始位置处开始，这样的读写方式叫作顺序读写。有时我们需要从文件的某一位置处读写数据内容，这可以实现吗？为了解决这一难题，C 语言定义了 fseek（）、ftell（）、rewind（）函数，运用这几个函数可以实现将文件指针移动到相应的位置然后再读写的功能，如图 12-5 所示。

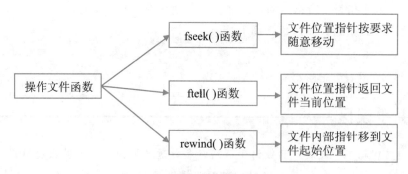

图 12-5　操作文件的其他函数

fseek（）函数可以将文件指针移动到相应的位置处，按照要求移动，一般调用形式为：

```
fseek(fp,位移量,起始位置);
```

其中，位移量代表指针向前或向后移动的字节数。位移量为正数代表向前移动，为负数代表向后移动，要求添加后缀"L"。例如：

```
fwrite(s[i],10,1,fp);
fseek(fp,2L,1);或者 fseek(fp,2L,SEEK_CUR);
fread(t,8,1,stdin);
fclose(fp);
printf("%s\n",t);
```

该程序段的功能为向前移动 2 个字节后输出该文件的内容。fseek 表示向前移动 2 个字节。规定指针起始位置的方法有 3 种，见表 12-2。

表 12-2　文件内部指针所在位置表示方法

| 起始位置 | 表示符号 | 数字表示 |
| --- | --- | --- |
| 文件起始位置 | SEEK _ SET | 0 |
| 文件当前位置 | SEEK _ CUR | 1 |
| 文件末尾位置 | SEEK _ END | 2 |

rewind（）函数可以将文件指针移动到起始位置，一般和 fseek（）函数一起使用，它的调用形式为：

```
rewind(fp);
```

例如：

```
STA s[3], a;
rewind(fp);
fread(&a,sizeof(STA),1,fp);
printf("the first staff data is:");
printf("%d %s %f %f",a.num,a.name,a.wages,a.swages);
fclose(fp);
```

此程序段的功能是将文件指针移动到文件开头，然后读写出第一个职员的个人信息。rewind（）函数常和 fread（）函数一起使用。

ftell（）函数可以让文件指针返回到当前位置处，它的调用形式为：

```
ftell(fp);
```

文件中的位置指针常常会发生移动，有时候搞不清楚文件指针的位置。这个时候 ftell（）函数就可以发挥出它关键的作用，如果用 i 存放当前位置，成功返回当前位置，失败返回－1L。例如：

```
i= ftell(fp);
if(i= = - 1L)
printf("error! \n");
```

当指针位置发生移动后，我们就可以利用任意一种读写函数进行数据的输入或输出，比如 fgets（）等函数。一般情况下，我们进行读写的数据一般为数据块形式，所以多和 fread 和 fwrite 函数一起使用。

## 剑指offer初级挑战 ———————————————

假如公司最近引进了一批高科技设备，现在你需要将这批设备的信息写入到文件 file. txt 文件中，并利用读写函数、指针移动函数，输出第 3 台设备的基本信息。已知每台设备包括日期、型号、名称等，可以将设备的基本信息定义为结构体类型数据，把这批设备看作数组中的每个元素，构造结构体数组，利用文件操作函数，你会如何编写程序呢？

offer 挑战秘籍：

☞ 涉及的文件指针写入到文件 file. txt 中时，需要用到文件写入函数。

☞ 从文件的第 3 行信息开始输出，涉及文件的指针移动。

核心代码展示：

```
# include < stdio. h>
void main()
{
fp= fopen("c:\\file. txt","wb");
for(i= 0;i< 5;i+ + )          /* 在文件中写入 5 个设备信息* /
fwriter(&shebei[i],sizeof(SB),1,fp);
fclose(fp);
fp= fopen("c:\\file. txt","rb");
fseek(fp,20L,SEEK_SET);      /* 指针开始移动到第三台设备* /
fread(&t[i],sizeof(SB),1,fp); /* 读出文件信息* /
fclose(fp);
printf("");          /* 显示设备信息* /
}
```

# 第*13*章

## 项目前瞻 1——网络基础知识

C 语言的应用离不开网络，就像鱼儿离不开水一样。C 语言和网络相辅相成，相得益彰，它们一起缔造了一个科技王国。如果说 C 语言是开发人员和计算机交流的语言，那么网络就是各个计算机交流的桥梁。

C 语言的功能是强大的，它可以用来编写网络应用程序。那么，网络程序的使用是如何做到让我们的生活更加便捷的？C 语言代码又是如何接入互联网的呢？下面我们就一起来揭秘这些疑团吧。

## 13.1　网络通信包含哪些内容

网络是将地理位置不同的各个独立的计算机以及外部设备通过线路连接起来，组成数据链路，实现资源共享的计算机系统。我们通过网络系统，经过一定操作实现信息交换，得到我们想要的信息。

实际上，网络通信包含很多方面，包括网络通信的对象、方式和协议，如图 13-1 所示。

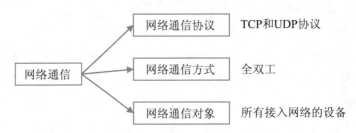

图 13-1　网络通信的内容

计算机之间是如何进行信息交换的？为什么我们可以通过网络得到信息？它们之间依靠的是什么呢？实际上，计算机相互交换信息依靠的是网络通信协议。

如同我们制定 C 语言标准，根据标准编写程序使得 C 语言得以广泛应用。我们为了实现各个计算机之间的信息交换制定了通信协议，所有的计算机都遵循这个协议，使得计算机之间的通信成为可能。

所有接入网络的设备都可以看作网络的通信对象，比如手机、电脑、智能音箱等设备。

从信息传递的方向来说，网络通信是全双工的通信方式，这样的通信方式可以保证通信的双方同时发送和接收数据，节约了时间，提高了效率。

### 计算机内部如何进行数据传输？

在计算机网络中，我们传输的信息属于数字数据，是在计算机的网络层。计算机数据通信方式包括如图 13-2 所示两种形式。

图 13-2　数据通信的分类

并行通信需要 8 根传输线，适用于近距离通信。计算机内部数据多以并行方式传输。串行通信仅需要一根数据线，适合远距离传输，如公用电话的数据传送。

通信设备之间是如何将比特流（二进制数据）转换为我们需要的文本的信息的呢？根据设备件通信情况，国际标准化组织提出了 OSI 参考模型，这是一个网络系统互联模型，可以帮助我们分析、评判各种网络技术，让我们更加了解网络的神奇之处。如图 13-3 所示。

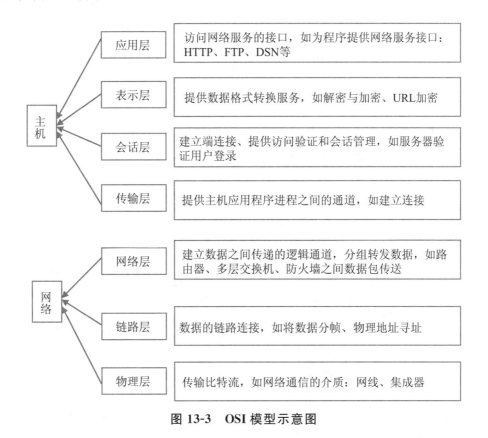

图 13-3　OSI 模型示意图

其中，物理层传递的是比特流，先经过链路层处理形成数据帧的形式，再经过网络层，传递为数据包，然后在传输层，形成数据段的形式，如图 13-4 所示。

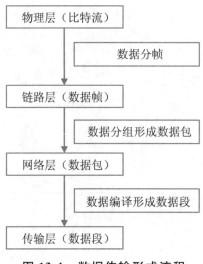

图 13-4　数据传输形式流程

OSI 参考模型划分了层次，让我们可以有效地理解网络通信的过程。它还规划了各层之间的功能，这就为生产厂家制定协议提供了原则，为标准化协议提供了可能，比如 TCP/IP 协议等。

# 13.2　将网络按连接范围进行分类

网络的覆盖范围很大，到底有多大呢？如图 13-5 所示。

图 13-5　按照网络连接范围分类

一情般情况下，公司、学校、小区等单位会优先采用局域网的方式连接各个计算机，这样简单灵活而且传输速率高。

广域网可以看作由多个局域网连接而成的网络，它可以实现全球范围内的资源共享和信息交换。

城域网介于局域网和广域网之间，可以覆盖一个城市。

小型局域网的计算机一般在 100 台以下，我们是如何控制计算机的数量的呢？又如何让某些信息精确地传送到对应的电脑中的呢？这就涉及 IP 地址了。

IP 地址相当于我们的门牌号，在网络中传输数据时，根据每台计算机的 IP 地址进行信息的传送，这样就不会出现传送"错误"的情况，这就是为什么可以根据 IP 地址锁定大概的位置信息。

IP 地址的分类如图 13-6 所示。

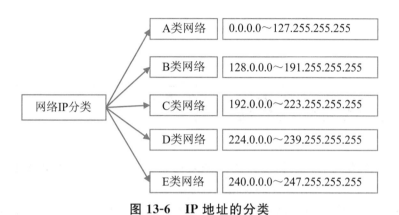

**图 13-6　IP 地址的分类**

IP 地址是由 32 位二进制数字组成，为了书写方便，我们使用十进制表示，分为 4 组，每组数据 8 位。

IP 地址的数据范围是 0 到 255，如 223.255.255.255，每组数据之间用"."隔开。

在上述 IP 地址中，A 类、B 类、C 类都属于基本类，D 类经常用于多播发送，而 E 类属于保留地址。

**实力检测**

在 A 类网络中，网络号不同代表不同的局域网，一台计算机占用一个 IP 地址。现在请你计算 A 类网络中可以连接的主机数量。

答案示例：

　　因为 A 类中有三段号码是本地计算机的号码，有 126 个网络号，每个网络号所能连接的主机数目为 256*256*256- 被占用的 IP 地址，每个网络可以容纳主机数多达 1600 多万台。

同样，B 类网络有两段号码是本地计算机的号码，请你计算 B 类网络所能容纳的主机数量。

答案示例：

因为 B 类网络的网络号比 A 类多一段号码，由图 13-6 可以得知，B 类网络的网络号为 128.0.0.0 到 191.255.255.255，所以可以计算出，B 类网络的网络号的数量为 (191- 128)* 255= 16065 个网络，每个网络容纳的主机数量为 256* 256- 2= 65534 台。

# 13.3    常用服务占用的端口号

一旦接入网络的计算机拥有了 IP 地址就犹如我们知道了门牌号，无论是"送餐"还是"送快递"，我们都不用担心送错地方了。

可是当两台计算机通信时，我们会发现这样一个问题：该怎样才能让主机 A 中的应用程序 A1 和主机 B 中的应用程序 B1 进行数据通信呢？

这就需要端口来解决这个问题了。当应用程序与端口绑定后，计算机接收到信息后就会根据端口号发送数据到相应的应用程序中。如图 13-7 所示。

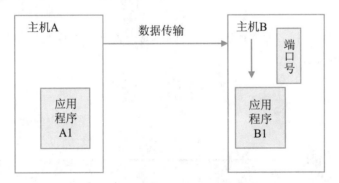

图 13-7    端口使用过程示意图

端口用一个 16 位的无符号整数值来表示，范围是 0～65535。端口的分类如图 13-8 所示。

**图 13-8　端口的分类**

在系统中我们常用服务占用的端口号见表 13-1。

**表 13-1　常用服务占用的端口号**

| 常用服务的功能 | 占用的端口号 |
| --- | --- |
| HTTP 常用端口号 | 80/8080/3128/8081/9098 |
| SOCKS 常用端口号 | 1080 |
| FTP 常用端口号 | 21 |
| Telnet 常用端口号 | 23 |
| SSH、SCP、端口号重定向 | 22/tcp |
| POP3 Post Office Protocol（E-mail） | 110/tcp |
| Oracle 数据库 | 1521 |
| Oracle XDB | 8080 |
| Oracle XDB FTP 服务 | 2100 |
| MS SQL * SERVER 数据库 server | 1433/tcp 1433/udp |
| WebSphere 应用程序 | 9080 |

 **技巧集锦**

第一，在 TCP/IP 协议中的端口并不是实际物理意义上的存在，这是逻辑上的虚拟端口，不可见。

第二，在进行信息传送时，计算机往往开启着多个端口，可以简单理解为端口是一个"中转站"，遇到端口就开始传送相应的信息。

第三，端口作为接收信息的"中转站"，容易被黑客利用，传送病毒程序并攻击你的计算机，因此要格外注意端口的开放与否。

第四，根据服务类型的不同，端口可分为两种端口，一种是 TCP 端口，可以用来确认信息是否准确到达。另一种是 UDP 端口，只负责传递信息，不负责信息传递正确与否。

## 13. 4　常用套接字

当计算机进行网络通信时，应用进程和网络协议相互作用，使通信可以顺利进行。两者之间是如何进行连接的呢？套接字（Socket），就是应用程序和网络协议进行通信的接口。

套接字一端连着应用进程，另一端连接着网络协议栈，它的一般形式为：

Socket= (IP 地址:端口号)或者 Socket= (IP 地址,端口号)

如果 IP 地址是 211.47.125.1，端口号为 80，得到的套接字就是：

Socket= (211.47.125.1:80)

如果要进行网络通信，至少需要一对套接字，一个作用于客户端，被我们称为 ClientSocket。一个作用于服务器端，被我们称为 ServerSocket。常见的三种套接字类型如图 13-9 所示。

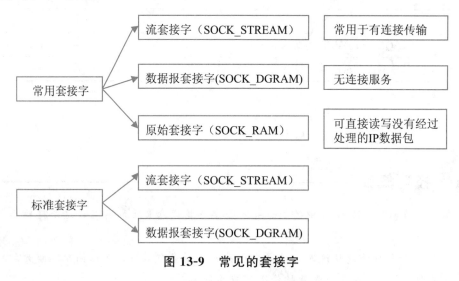

图 13-9　常见的套接字

流套接字使用 TCP 协议，只能读取 TCP 协议的数据。可以提供面向连接、可靠的数据传输服务。

数据报套接字使用 UDP 协议，只能读取 UDP 协议的数据，可以提供无连接服务。但是该服务无法保证顺序地接收数据，在传输过程中可能会出现数据丢失、数据重复的情况，要在程序中做对应的处理。

原始套接字可以读取内核没有处理的 IP 数据包。如果想要访问其他协议发送的数据，原始套接字是唯一的选择。

网络通信一旦开始启动，套接字就要发挥它的作用了。套接字之间的连接过程如图 13-10 所示。

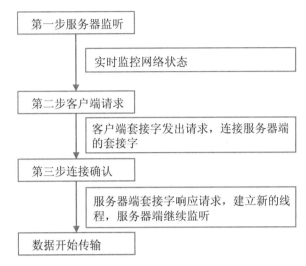

**图 13-10　套接字连接过程示意**

服务器进行监听时并不是在监听具体的客户端套接字，而是处于等待状态，只要有客户端套接字发出连接请求，它就会监听到。

客户端发出连接请求时，必须先指出服务器端套接字的地址和端口号，然后才能发出连接请求。

 **新手误区**

在刚刚接触套接字这个抽象概念时，很多程序员都会存在各种误解，我们一起来看看吧。

示例一：

既然流套接字具有数据传输可靠安全的特性，为了保证数据传输的准确性，我只使用流套接字建立连接过程就好了。

流套接字固然有它的优点所在，但是建立过程、协议都比较复杂，通信效率不高。所以在实际的应用中，通常是两种套接字一起使用。

示例二：

数据报套接字面向无连接服务，我就不需要建立套接字之间的连接过程了。

套接字的连接是只要发生数据传输就会存在的过程，与套接字的类型无关。在数据传输过程中，我们需要一对套接字互相响应，相互作用，使得客户端和服务器端可以实现通信。

## 13.5　TCP 和 UDP 协议

想要了解 TCP 和 UDP 协议，首先要了解 TCP/IP 协议的参考模型。TCP/IP 协议的参考模型相比较 OSI 的参考模型做了很多简化，它可以分为 4 个层次，能让我们更加直观地理解网络的层次功能，如图 13-11 所示。

**图 13-11　TCP/IP 协议参考模型**

TCP 和 UDP 协议属于 TCP/IP 协议中最重要的两种协议，它们规定了在传输层中数据传递的规则和方法。

传输控制协议（Transmission Control Protocol，TCP）是一种可靠的面向连接的协议，其规定了怎样识别计算机上的多个目的进程以及如何对分组重复这类差错进行恢复。

因为 TCP 协议是面向连接的服务，需要实现通道的建立和关闭。通道的建立过程我们形象地称之为"三次握手"，如图 13-12 所示。通道关闭的过程我们形象地称之为"四次挥手"，如图 13-13 所示。

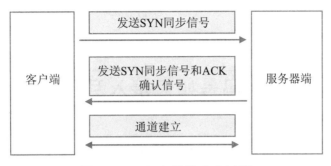

图 13-12　TCP 通道建立过程

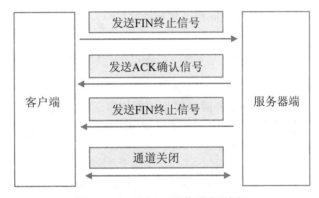

图 13-13　TCP 通道关闭过程

TCP 的方式就像拨打电话，我们需要拨通对方的专属号码，听到确认铃声。所以使用 TCP 是一种可靠的数据传输，如果数据传输失败，则客户端会自动重发数据。

用户数据协议（User Data Protocol，UDP）传输效率高，但不可靠，因为在数据传输过程中不会分组按顺序传送，即使发送失败，客户端也无法得知情况。

在实际的网络编程中，重要的数据一般使用 TCP 方式进行数据传输，而大量非核心的数据则使用 UDP 方式进行传递，比如视频的传输就适合使用 UDP 方式。

 技巧集锦

第一，TCP/IP 协议可以说是一个四层协议，它规定了 TCP/IP 网络参考模型中每个层次传输信息的规则，让网络通信更加有逻辑性。

第二，TCP 和 UDP 协议同属于传输层协议，它们制定了不同的信息传送方式。

第三，TCP 和 UDP 传输信息的方式各有优劣，要根据传递信息的性质来决定使用传输方式。

# 13.6    C 语言代码是如何接入互联网的

网络通信的基石是套接字，如何利用 C 语言代码实现网络通信的过程呢？这就需要套接字函数来帮忙了，C 语言使用套接字函数接入互联网，实现网络程序的编写。

网络通信的实现需要服务器端和客户端相互合作。对于服务器端来说，需要使用 socket（）函数、bind（）函数、listen（）函数、accept（）函数等函数完成客户端的请求，并使用 read（）/write（）函数给客户端传输数据。服务器端使用的函数以及功能见表 13-2。

**表 13-2　服务器端使用的套接字函数以及功能**

| 函数和函数原型 | 功能 |
| --- | --- |
| socket（）函数：<br>int socket（int domain, int type, int protocol）; | 用于通信的套接字函数，想要 C 语言接入网络，服务器端和客户端都必须使用该函数 |
| bind（）函数：<br>int blind（int sockfd, const struct sockaddr * my_adder, socklen_t addrlen）; | 把套接字与指定端口连接起来 |
| listen（）函数：<br>int listen（int sockfd, int backlog）; | 实现监听功能，等待接受请求信息 |
| accept（）函数：<br>int accept（int sockfd, const struct sockaddr * my_adder, socklen_t addrlen）; | 系统空闲时接收客户端的请求，用于面向连接的套接字类型 |
| send（）函数/recv（）函数：<br>ssize_t send（int s, const void * buf, size_t len, int flags）; | 对数据内容进行传送 |
| close（）函数：<br>close（sockfd）; | 关闭套接字程序 |

当服务器端和客户端利用套接字函数建立起联系，两方都可以使用读写函数对数据进行传送。对于客户端来说，它是主动发起申请的一方，只需使用 socket（）、bind（）和 connect 函数和服务器端建立联系，然后使用 send（）或 recv（）函数和服务器端进行数据传输即可。客户端需要使用的函数如图 13-14 所示。

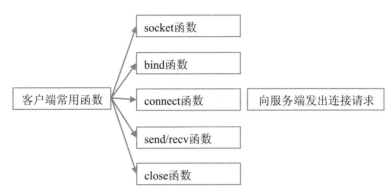

**图 13-14　客户端接入网络需要使用的函数**

connect 函数的功能是向服务器端发出连接请求，它的原型为：

```
int connect(int sockfd,const struct sockaddr * serv_addr,sock-
len_t addrlen);
```

其中，参数 sockfd 中的套接字将会连接到参数 serv_addr 指定的服务器中，参数 addrlen 是 serv_addr 指向的空间内存的大小。

现在我们将通过一个具体的实例分析套接字函数在网络通信程序中的应用，看看 C 语言是如何利用套接字函数接入互联网之中。网络聊天客户端实现部分代码如下：

```
# include < stdio.h>
# include < Winsock2.h>
void main()
{
  WORD word;     /* 创建 word 变量,用于接受字符* /
  WSADATA wsaData;       /* 结构体,用来存储从服务器端接收的数据* /
  …
  …
  …
SOCKET sockClient = socket(AF_INET, SOCK_STREAM, 0);
            /* 套接字类型为流套接字,使用 TCP 方式传递信息* /
  SOCKADDR_IN addrSrv;          /* 结构体,用来存放套接字信息* /
  addrSrv.sin_addr.S_un.S_addr = inet_addr("电脑 IP 地址");
            /* 套接字 IP 地址* /
  addrSrv.sin_family = AF_INET;
  addrSrv.sin_port = htons(6000);      /* 套接字端口号* /
connect(sockClient, (SOCKADDR* )&addrSrv, sizeof(SOCKADDR));
            /* 实现连接,客户端连接函数* /
```

```
send(sockClient, "连接网络", strlen("连接网络") + 1, 0);
/* 输入字符数据 * /
  char recvBuf[50];              /* 定义接收数据数组 * /
  recv(sockClient, recvBuf, 50, 0);          /* 接收函数 * /
  printf("%s\n", recvBuf);
  closesocket(sockClient);        /* 关闭套接字 * /
}
```

## 剑指offer初级挑战 ————————————

假如公司想要实现基于 TCP 网络通信功能，对于服务器端来说，它需要先调用 socket（）函数建立套接字，然后利用 blind（）函数将套接字和地址信息绑定起来，还需要使用 listen（）、accept（）函数，参照客户端程序。你会如何编写服务端程序实现网络聊天功能呢？

offer 挑战秘籍：

☞ 想要实现 TCP 网络通信功能，关键是客户端和服务端要准备套接字的连接，服务端的套接字也需要时刻监听着。

☞ 服务端需要使用的函数有 socket（）函数、bind（）函数、listen（）函数、accept（）函数等函数，所以我们可以调用这些函数进行通信。

核心代码展示：

```
SOCKET sockClient = socket(AF_INET, SOCK_STREAM, 0);
/* 套接字类型为流套接字,使用 TCP 方式传递信息 * /
SOCKADDR_IN addrSrv;      /* 结构体,用来存放套接字信息 * /
addrSrv. sin_family = AF_INET;
addrSrv. sin_port = htons(6000);        /* 套接字端口号 * /
connect(sockClient, (SOCKADDR* )&addrSrv, sizeof(SOCKADDR));
bind(sockSrv,(SOCKADDR* )&addrSrv,sizeof(SOCKADDR));
listen(sockSrv,5);        /* 实现连接,服务端监听函数 * /
```

```
while(1)
{
  SOCKET sockConn= accept(sockSrv,(SOCKADDR* )&addrClient,&len);
  send(sockConn,sendBuf,strlen(sendBuf)+ 1,0);
  recv(sockConn,recvBuf,50,0);
  printf("%s\n",recvBuf);
}
```

# 第14章

## 项目前瞻 2——数据库基础知识

随着网络的进一步发展，我们每个人不可避免在网上留下了痕迹，包括出行记录、消费记录、浏览网页历史等，这些信息构成了大数据，可以说互联网世界就是数据的世界，数据的重要性不言而喻。

这些海量数据被收集在一起，又是以什么样的形式存储呢？我们如何快速找到自己需要的数据呢？数据库就帮我们解决了这个难题，数据库中按照一定规则储存着大量的数据，它提供了查询语句，帮助我们快速地找到数据，极大地方便了我们的生活。

接下来我们就一起来看看数据库的应用以及如何操作数据库吧。

# 14.1 大数据时代的数据库

大数据逐渐走入我们的生活，数据遍布网络的各个角落。

数据时代，数据的竞争如火如荼，用它的实力向我们证明它是时代的"弄潮儿"。

数据库作为一项新兴技术，它就像一个电子化的文件柜，里面存储着数以万计的数据。就像在图书馆的图书会分类别摆放一样，数据库中的数据，也是按照一定逻辑关系存储，方便我们查找。

一个数据库的组成部分有数据表、记录、字段、索引等，如图 14-1 所示。

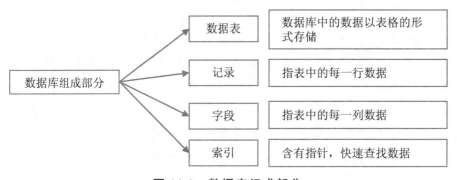

图 14-1　数据库组成部分

数据库系统可以对数据进行查找和维护，极大地方便了我们对数据的需求。那么，数据库是如何做到这些的呢？

数据库中的数据并不是杂乱无章地堆砌在一起，它们会按照某些规则排列或者以某种方式存在，数据排列尽可能简单高效，不冗余，并且与应用程序彼此之间保持独立。这就为数据库系统高效查询数据提供了可能，当 C 语言和数据库联通之后，我们还可以通过 C 语言代码指令对文件中的数据进行插入、查询、删除等操作。

## 14.1.1　数据库的变迁

随着科技的发展和计算机的升级换代，计算机对数据处理的能力大大增强，我们对数据的管理有了突破性进展，形成了今天的数据库系统。

数据库发展到今天，经历了三个阶段，可以说每个阶段人们对数据的掌握都在不断加深。数据库发展阶段如图 14-2 所示。

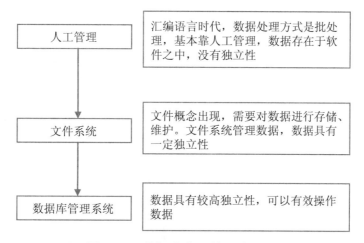

**图 14-2　数据库发展的三个阶段**

　　在人工管理阶段，处理数据的方式是主要靠人工管理，计算机所需要的数据存在于软件之中，没有独立性。应用程序之间的数据不共享，存取数据一一对应，有很多数据都是重复出现的，如图 14-3 所示。

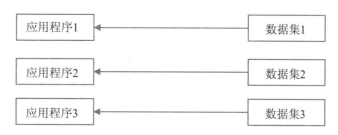

**图 14-3　人工管理阶段程序和数据的关系**

　　随着科技的进步，我们对数据的需求越来越多，到了 20 世纪 60 年代中期，建立一个可以进行数据管理、存储的系统成为迫切的需求，这是数据库系统的萌芽时期。这个时期已经有了文件的概念，我们把数据存储在文件中，数据初步具有独立性。应用程序可以调用文件中的数据，但本质上还是一一对应的关系，如图 14-4 所示。

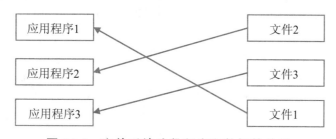

**图 14-4　文件系统阶段程序和数据的关系**

　　在 20 世纪 60 年代后期，明确出现了数据库管理系统的概念，数据库管理系统将所有文件中的数据收集到一起，去掉冗余数据。然后通过数据管理系统对应用程序所需要的数据进行筛选、传输，实现了数据的高效管理。而后，数据库迎来了蓬勃发展的时期。应用程序和数据库中数据之间的关系如图 14-5 所示。

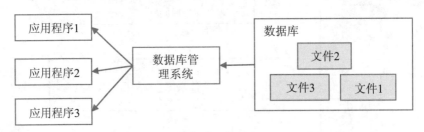

图 14-5　应用程序和数据库中数据的关系

 **技巧集锦**

第一，数据库是一个存储着大量数据的仓库，我们通过数据库管理系统实现对数据的基本操作。

第二，数据库文件共享的功能使数据得到最大程度的利用，可以有效减少重复的数据。

第三，数据库系统是一个概念，而数据库管理系统是一个操作软件。可以理解为数据库系统，包括数据库管理系统。数据库系统是一个很大的概念，里面包含很多操作系统。

## 14.1.2　数据库的两大类别

现在，数据库作为一门独立的学科受到越来越多程序员的关注，它拥有着强大的生命力。那么，它究竟有什么样的优势呢？常见的数据库类型如图 14-6 所示。

什么是关系型数据库呢？

关系型数据库中的数据存在一定的逻辑关系，数据之间密切联系。在关系型数据库中，数据存储的格式可以直观反映实体间的关系，数据存储的形式与表格非常类似，数据表之间也有很多复杂的关联。适合处理结构化数据，比如员工的个人信息。

关系型数据库是当前数据的主流，包括 mysql 数据库、SQL server 数据库，它们遵循 SQL 标准，使用 SQL 语句。

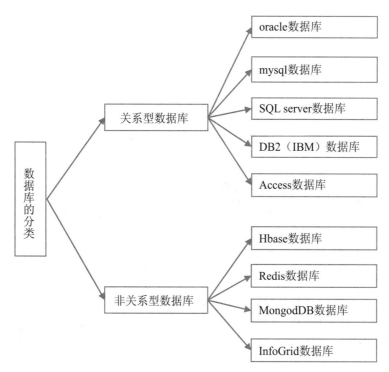

**图 14-6　常见的数据库类型**

非关系型数据库（NoSQL）中的数据是分布式的、没有明确逻辑关系的数据，适用于非结构化数据，比如文章、评论这些数据的查询。它的拓展能力几乎是没有限制的，NoSQL 数据库适用于追求速度和可扩展性、业务多变的情况。非关系型数据库虽然现在还没有一个统一的标准，但是有一个大的分类，如图 14-7 所示。

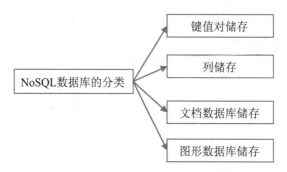

**图 14-7　非关系型数据库的分类**

其中，键值对的储存方式是数据库最简单的组织形式。键表示存的数据值的编号，值表示存储的数据，在键值对的形式中，键和值是一一对应的关系。

**技能升级**

### 数据库知识大课堂

关系型数据库和非关系型数据库在存储方式、存储结构、查询方式、读写性能等方面有很大的区别，见表 14-1。

表 14-1  关系型数据库与非关系型数据库的区别

| | 关系型数据库 | 非关系型数据库 |
|---|---|---|
| 存储方式 | 表格的形式，分为行和列查询数据 | 数据集的形式，比如键值对、图结构、文档 |
| 存储结构 | 事先定义好结构类型，结构化 | 没有被定义，动态结构，可灵活改变 |
| 查询方式 | 采用 SQL 语句进行查询 | 非结构化查询语言（UnQL） |
| 读写性能 | 追求数据的一致性，读写性能比较差 | 数据集方式存储，读写或者拓展比较容易 |

## 14.1.3  大数据时代数据库的应用

很多人都有过这样的经历，打开购物软件，它们给自己推荐的物品正是自己需要的，打开新闻软件，推送的消息正是自己感兴趣的。

软件是如何做到精准推送的？数据库发挥了巨大作用，在数据库中储存着大量的信息，这些信息被收集，软件找到需要的数据，进行一定的演算，就会出现精准推送的现象。

数据库应用于生活的方方面面，我们生活在一个数据的时代，产生的数据会被放在数据库中，这也注定了数据库会在今天这个时代大放异彩。

## 14.2  mysql 数据库

mysql 数据库是关系型数据库的一种，此软件开放源码，所以任何人都可以经过许可下载这个软件。mysql 数据库正如它的名字一样，使用 SQL 语言管理数据。

SQL 语言具有结构化的特点，从数据查询方面来说，mysql 数据库的速度十分迅速。除此之外，mysql 数据库从安全角度上来说十分可靠，适应性也很强，因此受到广大程序员的青睐。

很多物联网公司选择 mysql 数据库作为公司架构的数据库还有一个重要的原因，那就是它是免费的、开源的，可以处理具有上千万条数据的数据库。mysql 数据库受到很多人的喜爱，那它都拥有什么样的特性呢？如图 14-8 所示。

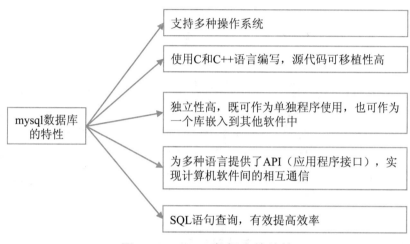

**图 14-8　mysql 数据库的特性**

在 mysql 数据库中我们可以直接利用 SQL 语句执行对数据的基本操作，例如我们在数据库中建立一个职员表，包括员工的编号、姓名、年龄等信息，并筛选出年龄在 30 岁以下的职员，用 SQL 语句代码如下：

```
create table staff
(
num char(12) primary key,        /* 创建一个表* /
name char(12) not null,
)
insert into staff values('0001','张一一', '30')        /* 表中插入
                                                          数据* /
...
select num,name,age
from staff        /* 筛选数据
where age< = '30'
```

使用 SQL 语句建立表格，利用 insert 语句对数据进行插入、筛选等基本操作非常方便。SQL 语句的分类如图 14-9 所示。

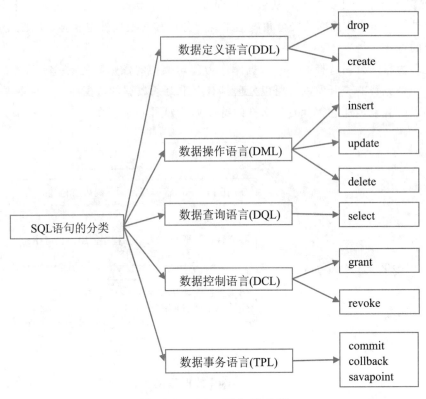

**图 14-9  SQL 语句的分类**

在以上这些 SQL 语句中，create 语句用来建立一个表，drop 语句表示删除这个表，它们属于数据定义语言。

select 语句用来筛选数据，找到我们所需要的数据，属于数据查询语言。

insert、update、delete 用来执行对数据的插入、更新、删除等操作，都是对表中的数据内容的操作，属于数据操作语言。其中，drop 和 delete 命令都是执行删除，但是作用对象不同，drop 操作对象是表。

grant 和 revoke 命令是用来控制权限，而 commit collback savapoint 语句是用来控制事务进程。一般来说，我们会经常使用数据事务语言命令，比如在收银系统中，顾客的金钱数目减少和老板的金钱数目增加是同时发生的，我们会用以下语句操作：

```
update table user set money= 100 where name = '顾客'
update table user set money= 200 where name = '老板'
```

但是我们无法保证两条语句都会执行，为了避免只执行一句命令的情况，我们需要使用数据事务语言命令。事务的意思是将一条或者是一组语句组成一个单元，这个单元作为一个整体，要么全部执行，要么全不执行。

在 mysql 数据库中事务有四大特性，如图 14-10 所示。

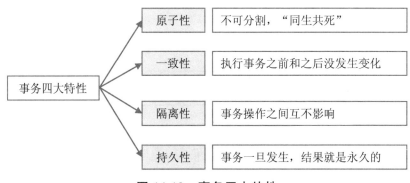

图 14-10　事务四大特性

原子性是指事务这个整体不可分割，它是一个操作单元。对事务的所有操作，要么全部成功，要么撤回到执行事务之前的状态。

一致性是指不管执行事务命令之前还是执行事务命令之后，数据库总是一致的。

隔离性是指事务操作之间都是独立的，互不影响。

持久性是指一组语句如果组成了事务关系，其结果不会发生改变。

## 实力检测

在 mysql 数据库中，可以利用 SQL 语言——Delete 命令来删除数据，也可以删除一列或者一行的数据。假如现在要你删除姓名为王明的员工的数据，你会如何操作呢？

答案部分示例：

```
Delete
from staff
where name= '王明'
```

假如现在需要你筛选出行政部门年龄在 24 到 30 之间并且性别为男的员工的年龄和姓名，你会如何操作呢？

答案部分示例：

```
Select  name,age
from staff
where age between 24 and 30 and sex= '男' and depart= '行政'
```

## 14.3　redis 数据库

　　redis 数据库是非关系型数据库，我们知道关系型数据库如 mysql 数据库存储数据的形式为表的方式，redis 数据库则跟它大不相同，redis 数据库更多以键值对的形式储存数据。

　　redis 数据库拥有读写能力高、拓展能力强等优点，对于比较分散的数据来说，使用 redis 数据库处理效果更佳。随着科技的进步，我们对非关系型的数据有了更高的要求，redis 数据库也越来越受到人们的关注，它的特性如图 14-11 所示。

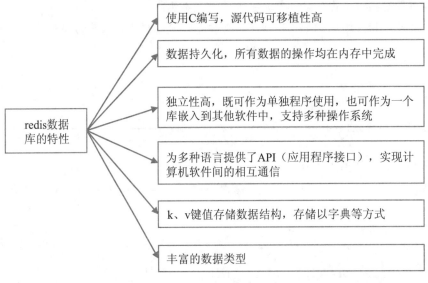

**图 14-11　redis 数据库的特性**

　　和关系型数据库相比，redis 数据库是一个单线程序，即同一个时刻它只能处理一个客户端请求。因此，它的读写功能比较强大，读写速度比较快，省去了上下文切换的过程。

　　redis 数据库是开源的、免费的数据库，也是一个 key-value 存储系统。它支持存储的 value 类型十分丰富，包括 string、list 等数据类型，如图 14-12 所示。

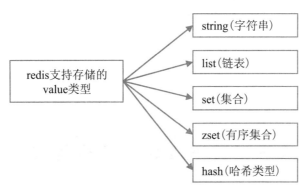

**图 14-12　redis 支持存储的 value 类型**

redis 数据库的外围是由一个键、值映射的字典构成，支持对不同类型的数据进行原子操作，具有关系型数据库欠缺的功能，它跟关系型数据库相辅相成，构成了可以对所有数据进行处理的"数据王国"。redis 数据库常用命令语句和功能见表 14-2。

**表 14-2　redis 数据常用命令语句以及功能**

| 命令语句 | 功能 |
| --- | --- |
| TYPE key | 获取某 key 的类型 |
| RPUSH key string | 将值加入 key 列表末尾 |
| LPUSH key string | 将值加入 key 列表头部 |
| LTRIM key start end | 只保留列表中某个范围的值 |
| SADD key member | 增加元素 |
| SREM key member | 删除元素 |
| SISMEMBER key member | 判断某个值是否在集合中 |
| SINTER key1 key2…keyN | 获取多个集合的交集元素 |
| SMEMBERS key | 列出集合的所有元素 |

## 新手误区

在学习了 redis 数据库的基本知识之后，相信大家还是有不明白的地方，我们一起来看看大家容易对 redis 数据库产生什么样的误解吧。

示例：

redis 数据库和 mysql 数据库都是开源、免费的软件，那应该可以使用 SQL 语句对数据进行查询。

答案：这两种数据库是完全不同的两种软件，虽然都可以处理数据，但是数据类型不同，存储结构也不相同，SQL 语句只能在关系型数据库中使用。

# 14.4    C 语言和数据库如何实现互联互通

数据库管理系统既可以作为一个单独的软件使用，也可以作为库连接到 C 语言系统软件中。如果想要把 C 语言和数据库连接起来，使用 C 语言操作数据库，该怎么做呢？我们需要通过一个媒介来连接数据库和程序代码，这个媒介就是 ODBC（开放数据库互联）。ODBC 可以实现 C 语言和数据库互联互通。

C 语言连接到数据库需要用到一些函数，见表 14-3。在 C 语言中，通过调用这些函数就可以把数据库连接到 C 语言系统中。

**表 14-3    C 语言连接到数据库使用的函数以及功能**

| 函数和函数原型 | 功能 |
| --- | --- |
| SQLRETURN SQLAllocHandle（<br>SQLSMALLINT    HandleType，<br>SQLHANDLE    InputHandle，<br>SQLHANDLE *    OutputHandlePtr<br>）； | 分配句柄 |
| SQLRETURN SQLSetEnvAttr（<br>SQLHENV EnvironmentHandle，<br>SQLINTEGER Attribute，<br>SQLPOINTER ValuePtr，<br>SQLINTEGER StringLength<br>）； | 设置环境属性 |
| SQLExecDirect（<br>SQLHSTMT StatementHandle，<br>SQLCHAR * StatementText，<br>SQLINTEGER TextLength<br>）； | 使用参数标记变量的当前值，一次性执行 SQL 语句 |

续表

| 函数和函数原型 | 功能 |
| --- | --- |
| SQLRETURN SQLPrepare（<br>SQLHSTMT StatementHandle,<br>SQLCHAR ∗ StatementText,<br>SQLINTEGER TextLength<br>）; | ODBC 中的一个函数，用来创建 SQL 语句 |
| SQLConnect () | 连接函数 |

下面我们通过一个 C 语言连接数据库并使用 C 语言插入一行数据的实例来说明 ODBC 的作用，看它是如何连接两个软件的。部分代码如下：

```
# include < stdio.h>
# include < Windows.h>
# include < string.h>          /* 在 C 语言系统中引入头文件,调用相应
                               函数* /
# include< sql.h>
# include < sqlext.h>
# include < sqltypes.h>
# include < odbcss.h>
SQLHENV henv = SQL_NULL_HENV;
SQLHDBC hdbc1 = SQL_NULL_HDBC;
SQLHSTMT hstmt1 = SQL_NULL_HSTMT;
int main()
{
…(SQL 语句);
  retcode = SQLAllocHandle(SQL_HANDLE_ENV, NULL, &henv);
 /* 申请环境句柄* /
  retcode = SQLSetEnvAttr(henv, SQL_ATTR_ODBC_VERSION,    /*
环境句柄* /
  (SQLPOINTER)SQL_OV_ODBC3, SQL_IS_INTEGER);
  retcode = SQLAllocHandle(SQL_HANDLE_DBC, henv, &hdbc1);    /
* 申请连接句柄* /
  retcode = SQLConnect(hdbc1, szDSN, 4, szUID, 2, szAuthStr, 3);
/* 连接句柄* /
```

```
    if ((retcode ! = SQL_SUCCESS) && (retcode ! = SQL_SUCCESS_
WITH_INFO))
    { printf("连接失败\n");
      getchar();
    }
    else
    { retcode = SQLAllocHandle(SQL_HANDLE_STMT, hdbc1, &hstmt1);/*
申请语句句柄* /
      SQLExecDirect(hstmt1, sql, 100);          /* 执行 SQL 语句* /
      SQLFreeHandle(SQL_HANDLE_STMT, hstmt1);   /* 释放语句句柄* /
    }
    SQLDisconnect(hdbc1);                /* 断开连接* /
    SQLFreeHandle(SQL_HANDLE_DBC, hdbc1);        /* 释放连接句柄* /
    SQLFreeHandle(SQL_HANDLE_ENV, henv);         /* 释放环境句柄* /
  }
```

从上述代码我们可以看出，首先通过调用 SQLAllocHandle（）函数来申请环境句柄，然后使用环境配置函数 SQLSetEnvAttr（）来配置环境，接着使用 SQLAllocHandle（）函数申请连接函数，并使用 SQLConnect（）函数连接数据库，至此数据库和 C 语言软件连接成功，最后就可以调用 SQLExecDirect（）函数来直接执行 SQL 语句。

## 剑指 offer 初级挑战

每次调用 SQL 语句的功能函数时，我们都需要调用 SQLAllocHandle（）函数来分配句柄。只有这样，我们在使用功能函数时才有句柄的使用空间。请你参照上述实例，使用 SQL 语句中 select 命令进行数据的筛选。已知在员工表含有员工的工号、工资、姓名等信息，请你筛选出工资高于 6000 元的员工的姓名和工资。你需要把 C 语言系统和数据库连接起来，你会如何编写程序呢？

offer 挑战秘籍：

☞ 可以使用 ODBC 把 C 语言系统和数据库连接起来，实现 C 语言和数据库的互联互通。

☞ 利用 C 语言语句筛选出工资高于 6000 元的员工的姓名，可以利用 SQL 语句进行查询，遍历数据表，找出符合条件的员工。

核心代码展示：

```
retcode = SQLAllocHandle(SQL_HANDLE_ENV, NULL, &henv);
/* 申请环境句柄 */
retcode = SQLSetEnvAttr(henv, SQL_ATTR_ODBC_VERSION,
/* 环境句柄 */
(SQLPOINTER)SQL_OV_ODBC3, SQL_IS_INTEGER);
retcode = SQLAllocHandle(SQL_HANDLE_DBC, henv, &hdbc1);
/* 申请连接句柄 */
retcode = SQLConnect(hdbc1, szDSN, 4, szUID, 2, szAuthStr, 3);
/* 连接句柄 */
if(ret= = SQL_SUCCESS||RET= = SQL_SUCCESS_WITH_INFO)
{
SQLExecDirect(hstmt1, sql, 100);          /* 执行 SQL 语句 */
}
```

# 实战篇
## 挑战C语言项目

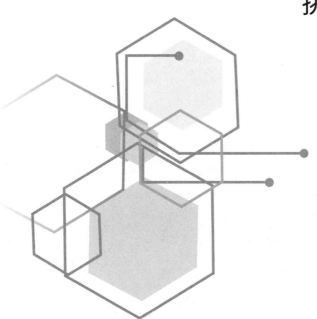

# 第15章

## C 语言函数专场

"纸上得来终觉浅，绝知此事要躬行。"这句话告诉我们实践的重要性。无论做什么事情，不经过实践，都是空中楼阁，纸上谈兵。要掌握 C 语言，我们就必须自己动手编写程序。程序的编写离不开项目的应用，下面就通过几个具体项目实操，来提高程序的设计思维和基本编程能力。

C 语言函数是实现项目功能的最小单元，每一个函数都完成一定的功能，多个函数结合起来实现模块的功能，这样由无数函数和基本语句组合起来的程序实现了我们今天看到的"科技王国"。我们通过对函数的具体应用，实现每一个小项目的功能，在这些项目功能中体会数组、指针之间的关系，它们密不可分，各有优点和特色。接下来就一起来学习如何使用它们吧。

# 15.1　项目1——函数小剧场

函数是 C 语言的重中之重，我们通过编写函数来实现程序功能，函数的应用使得程序框架更加清晰。

我们在平常的工作中，经常会遇到字符的查找、替换等需求。对于某些字符串，我们有时需要把小写字母改成大写字母，有时需要替换掉某个汉字。现在有一个字符串 str1，里面包含数字和英文字母等信息，现在需要你统计字符串 str2（abcd）出现的次数，并把字符串 str2 替换为字符串 str3（ABCD）。你会如何实现这一功能？

为了实现这个功能，我们可以设计输入、统计、替换这 3 个函数，每个函数实现不同的功能，如图 15-1 所示。

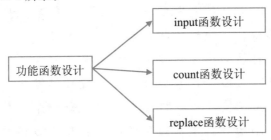

**图 15-1　函数整体设计示意图**

input 函数的功能是输入，在 input 函数中，需要输入至少 2 个字符串，为了使代码更加清晰，可以设计一个输入函数整合烦琐的代码。input 函数代码如下：

```
void input()
{
  printf("please input the str1 :\n");
  gets(str1);            /* 获取原来的字符串* /
  printf("please input the str2 :\n");
  gets(str2);            /* 获取需要字符串 str1 中部分字符串* /
  printf("please input the replace string of t :\n");
  gets(t);           /* 获取替换的字符串 t* /
}
```

count 函数的功能是统计字符串 str1 中包含字符串 str2 的数量，是我们实现程序功能的核心，其作用为：如果字符串 str1 中出现一次和 str2 相同的字符，我们的次数要实现＋1 的功能。

如何判断两个字符串是否相同呢？这是 count 函数的重点，我们可以用 str2 字符串的第一个字符和 str1 中的当前字符比较，如果相同，然后依次比较，如果不同，继续向后面移动。count 函数代码如下：

```
int count()
{ int i, j = 0, k, n = 0;
  int lenth = strlen(str2);
  for (i = 0; str1[i] ! = 0; i+ + )         /* 从字符串的第一个字符开
                                               始移动,直到结束* /
  {j = 0;
    if (str1[i] = = str2[j])         /* 如果字符串 str1 和字符串 str2
                                       中某位字符相同* /
    { k = i;         /* 继续比较,直到字符串 str2 移动结束* /
      while (str2[j] ! = 0)
      { if (str1[k] ! = str2[j])         /* 如果不相同,退出循环* /
          break;
        j+ + ; k+ + ;
      }
      if (j > = lenth)         /* 当 j 的值大于字符串 str2 的字符长度,
                                 说明在 str1 中找到了一处和 str2 相等的
                                 字符,计数+ 1* /
        n+ + ;
    }
  }
  return n;
}
```

replace 函数的功能是把字符串 str2 替换为字符串 str3 并输出替换以后的字符串，字符串不能直接赋值，我们该如何进行替换呢？字符串处理函数就要发挥它的作用了，我们采用的是 strcpy（）函数，使用该函数可以完成替换作用。

replace 函数代码如下：

```
void replace()
{ char str3[80];         /* 替换完成后的字符串 str3* /
  int i, j = 0, n = 0, k, m;
  int lenth = strlen(str2);         /* 字符串 str2 的长度用于判断结果
                                       是否正确* /
  for (i = 0; str1[i] ! = 0; i+ + )
  { j = 0;
    if (str1[i] = = str2[j])         /* 判断 str1 中是否有首字符和
                                       str2 相同的字符* /
```

```
    { k = i;
     while (str2[j] ! = 0)
     { if (str1[k] ! = str2[j])        /* 不相同,继续移动* /
       break;
       j+ + ;
       k+ + ;
     }
     if (j > = lenth)        /* 有和 str2 相同的字符部分* /
     {  for (m = 0; t[m] ! = 0; m+ + )
       str3[n+ + ] = t[m];
       i + = lenth- 1;
     }
     else
     {
       str3[n+ + ] = str1[i];   /* 替换后的字符串放在 str3 之中* /
     }
   }
   else
   {
       str3[n+ + ] =  str1[i];   /* 替换后的字符串放在 str3 之中* /
   }
  }
  str3[n] = 0;
  strcpy(str1, str3);          /* 将 str3 的值赋值给 str1* /
}
```

在 replace 函数中我们首先把替换结果放在了 str3 字符数组之中，然后通过 strcpy 函数把 str3 的值赋给 str1。

我们在定义 input、count、replace 函数并编写完函数功能之后，就可以着手编写主程序了。在主程序中我们会用到字符串处理函数，所以头文件的引用需要特别注意，不要忘记在文件中引入包含字符串处理函数的头文件——<string. h>。主程序代码如下：

```
# include< stdio.h>
# include< string.h>
char str1[100];
char str2[20];
char t[20];
void input();
```

```
int count();                    /* 函数声明 */
void replace();
void main()
{
  input();
  printf("请输入未发生替换之前的字符串:\n");
  puts(str1);
  printf("str1 中含有 str2 的数目是 %  d\n", count());
  replace();
  printf("发生替换之后的字符串:\n");
  puts(str1);
}
void input()
{
  ...                    /* 输入字符串功能函数 */
}
int count()
{
  ...                    /* 统计数量函数 */
}
int replace ()
{
  ...                    /* 替换函数 */
}
```

在上述程序中,我们利用字符数组的特性,通过引用数组下标来判断某一字符是否相同,利用 for 循环结构控制数组的移动,利用 while 循环判断两个字符串是否有相同的地方,控制跳出循环的条件。

程序执行时,首先执行 input () 函数中的程序,其功能为输入文本信息,屏幕将会显示:

```
please input the str1:
please input the str1:
abcd12345abcd123abcd
please input the str2:
abcd
please input the replace string of t:
ABCD
```

当我们输入字符串 str1 和需要替换的字符串 str2 以及被替换的字符串 t 之后，屏幕将会显示程序运行结果，如图 15-2 所示。

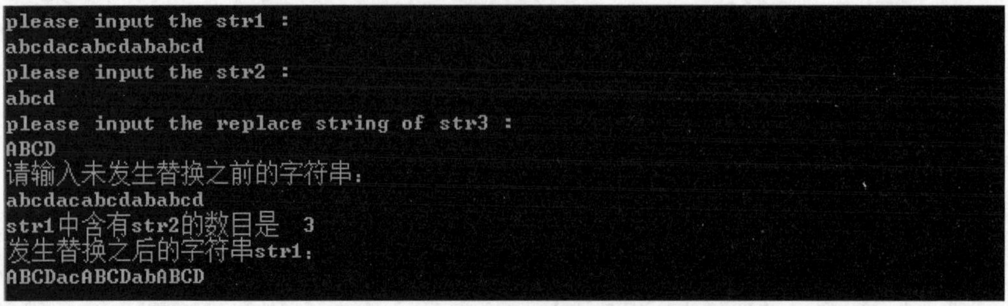

```
please input the str1 :
abcdacabcdababcd
please input the str2 :
abcd
please input the replace string of str3 :
ABCD
请输入未发生替换之前的字符串：
abcdacabcdababcd
str1中含有str2的数目是   3
发生替换之后的字符串str1：
ABCDacABCDabABCD
```

图 15-2　查找替换字符串程序图

# 15.2　项目 2——指针的妙用

指针是 C 语言的灵魂，它的身影可以说是无处不在。指针在结构体、文件、数组等方面应用十分广泛。

我们工作中为了让数据区分开，常常使用 "＊" 或者 "＃" 符号将不同文本类型的数据隔开，比如 ＊＊＊ ab ＊＊ cd ＊＊＊＊ 、＃＃床前明月光＃＃1234＃＃＃ 等，现在需要设计一个程序将首部和尾部的符号去掉，中间的符号保持不变。

在设计项目功能时，我们需要明确自己的逻辑思维，可以按照以下三个步骤来进行。

第一步，明确函数功能，设计程序框架。因为程序需要实现删除功能，所以可以设计一个删除首尾部多余符号功能的程序函数。在设计 del（）函数功能时就可以统计 "＊" 的个数，不需要单独设计 count（）函数。

第二步，设计功能函数采用的方式。删除元素的同时，数组会发生改变，如何根据数组的移动判断出是否应该停止移动？指针就是很好的选择。

第三步，明确删除后的数组是一个全新的数组，可以考虑将删除字符后的数组放入一个全新的数组输出。

删除字符的 del 函数代码如下：

```c
void del(char *s)
{ char *p, *q;
  char str1[60];
  int i = 0;
  p = s;              /* 定义指针 p、q 指向字符串*/
```

```
      q = s;
      while (*p= = '*')      /* 指针 p 指向字符串首部,遇到'* '+ 1* /
      {
        p+ + ;
        count1+ + ;
      }
      while (*q! = '\0')         /* 指针 q 移动到字符串末尾* /
      {
        q+ + ;
      }
      q- - ;          /* 指针 q 向前移动* /
      while(*q= = '*')        /* 指针 q 遇到末尾第一个'* '* /
      {                /* 指针向前移动* /
        q- - ;
        count2+ + ;        /* 末尾计数+ 1* /
      }
      while (p < = q)
      {
        str1[i+ + ] = *p;        /* 将去掉符号的数值赋给字符数组 str1* /
        p+ + ;
      }
      str1[i] = '\0';
      strcpy(s, str1);
}
```

上述函数采用指针可以灵活移动的特点，实现可以删除首部和尾部多余的"＊""＃"符号，并将删除后的字符串赋值给新的字符串。

完整的程序代码如下：

```
# include< stdio.h>
# include< string.h>
void del(char *s);
int count1 = 0, count2 = 0;
void main()
{
  char str[60];
  printf("please input str:\n");
  scanf("%s", str);
```

```
    printf("请输入需要删除符号的文本:\n");
    printf("%s\n", str);
    del(str);
    printf("输出的删除符号之后的文本:\n");
    printf("%s\n", str);
    printf("输出的'*'个数:\n");
    printf("%d\n", count1+ count2);
}
void del(char *s)
{
    …                    /* 删除多余字符功能函数* /
}
```

在上述程序中，我们充分利用指针移动的特性，利用两个指针，分别指向字符串的首部和末尾，通过移动筛选出我们需要的字符。在字符数组中，指针移动 p＋＋等操作表示指向字符数组后面一个元素。我们采用了全局变量 count1 和 count2 用来分别计算字符串首部和末尾'＊'的个数。

程序执行，当我们输入文本之后，程序执行的结果如图 15-3 所示。

图 15-3    指针删除字符程序执行图

# 第16章

# C 语言赋予软件功能与生命力

C 语言于社会大众、于程序编程人员来说，到底有多重要？它可以完成哪些任务呢？C 语言可以实现什么样的功能呢？它不仅能成为我们的生活小助手，更能积极参与我们的生活，为我们的生活提供便利、增添色彩。

智能时代，各种应用软件都以 C 语言为生命之源，实用小工具、游戏开发、电话本、数据管理系统、计算器等基本应用软件都要用到 C 语言，甚至还可以和硬件设备连接控制硬件设施。

下面我们就一起探秘 C 语言在不同的实用软件中的应用，深入了解 C 语言是如何在小工具、大系统中实现软件各种功能的。

# 16.1　项目1——工资管理系统

工资管理系统的建立是完善公司管理的重要内容，利用计算机统一对职工的工资进行管理，可以实现公司管理工作的系统化、自动化。

工资管理系统如此重要，而且运用广泛，是编程实战的优选项目，接下来就让我们从该系统入手，尝试完善和优化系统功能。

现在，假设要求计算每个职员的工资并输出职员的编号、职位、总工资等基本信息，已知公司工资组成部分为基本工资、绩效、奖金。

明确设计需求后，结合所要完成的具体功能，可以设计两个函数，以分别完成输出和统计的功能，如图 16-1 所示。

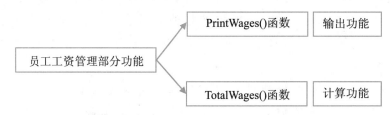

**图 16-1　员工工资管理系统设计函数**

在设计项目功能时，我们将会用到多个数值的传递，这些数据属于不同的类型，需要使用结构体。因为结构体作为参数传递会占用很多内存，所以我们可以使用指针，让指针指向结构体，可以分为以下三个步骤进行。

第一步，明确变量类型，设计参数传递方式。就本项目来说，因为涉及的变量都指向同一对象，所以可以考虑使用结构体、链表等数据类型，使用指针进行地址传递。代码如下：

```
typedef struct staff
{
  int num;                    /* 员工编号* /
  char name[10];              /* 员工姓名* /
  char depart[10];
  float wages[3];             /* 基本工资* /
  float total;                /* 总工资* /
}STA;
```

第二步，设计功能函数。对本项目，我们需要实现输出功能和计算功能。输出功能包括员工的基本信息，PrintWages（）函数代码如下：

```
void PrintWages(STA *h)
{
    int i;
    STA *p = h;
    printf("\n\n");
    printf("------------工资表---------------------- \n");
    printf("| 编号 | 姓名 | 职位 | 总工资 |\n");
    printf("\n\n");
    for (i = 0; i < 3; i+ + )
    {
    printf(" %d ", p[i].num);
        printf("%s ", p[i].name);
        printf(" %- 8s", p[i].depart);
        printf(" %0.2f", p[i].total);
        printf("\n\n");
    }
}
```

在 PrintWages（）函数中，我们利用指针移动输出结构体中的数据元素，其中 i<3 表示输入 3 个员工信息，在具体的应用中，可以根据公司人数进行调整。

TotalWages（）函数的功能是计算员工的总工资，代码如下：

```
void TotalWages(STA *h, int n)
{
    int i;
    STA *p = h;
    for (p = h; p < h+ n; p+ + )
    {
        p- > total = 0;
        for (i = 0; i < 3; i+ + )
        {
            p- > total = p- > total+ p- > wages[i];
        }
    }
}
```

在 TotalWages（）函数中，我们只需要让 wages［3］数组进行相加求和即可，其中我们首先利用指针指向数组中的每一个元素，然后进行赋值计算。

第三步，编写主函数。在合适的位置处调用功能函数，我们设计的函数是有参函数，在给实参赋值时，必须有明确的值。完整的程序代码如下：

```c
int main()
{
  int m = 3;
  STA sta[3] = { {955512,"张三", "行政",{2000.5,3000.6,1000.7}},
          {955543,"李四","人事",{3000.2,4000.3,5000.4}},
          {955546,"王五","财务",{2500.1,3500.5,1500.1}}
  };
  TotalWages(sta, 3);
  PrintWages(sta);
  return 0;
}
```

程序执行，当我们输入文本之后，屏幕上将会显示公司员工工资的基本情况，程序执行的结果如图 16-2 所示。

图 16-2　员工工资管理程序执行图

# 16.2　项目 2——电影票订票管理系统

电影本身作为一种数字技术丰富了我们的生活，电影订票系统更是以技术为核心生成并改善我们的生活。

电影院的订票系统是如何操作的？为什么输入电影名称就能显示出有关该电影的所有信息？为什么能在线选座位、扫码验票？

这里以电影订票系统为例，分模块介绍插入、显示、查询、订购等功能，对每个模块进行深入浅出的讲解。各类订票系统的内在逻辑相似，学习掌握了本书"电影票订票管理系统"后，就可以举一反三，其他订票系统，如火车订票、飞机订票、公交订票、游乐场订票、景点订票等，你都可以尝试在基础模块上添加不同函数实现相关功能。

接下来，我们就尝试设计一个电影票订票管理系统。

在电影票订票系统中，涉及结构体、宏定义、链表等方面的知识，此管理系统主要利用链表来实现，链表可以实现数据实时地插入、删除、查询等操作，方便我们对数据的基本操作。此外，链表和宏定义的使用可以让代码不再烦琐，电影票订票系统程序可以简单分为 5 个功能模块，如图 16-3 所示。

插入电影信息模块：根据屏幕上的提示，由键盘输入电影的编号、名称、开始时间、播放时长、票价和剩余的票数等信息。

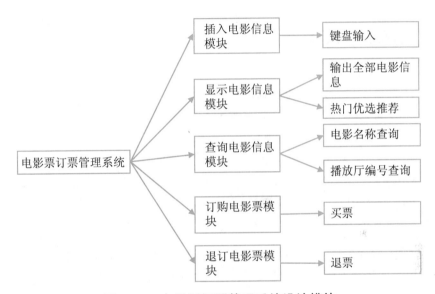

**图 16-3　电影票订票管理系统设计模块**

显示电影信息模块：显示所有电影的基本信息，包括由插入电影信息模块插入的电影信息。

查询电影信息模块：用户输入电影名称或者播放厅编号就可以显示该电影的全部信息，方便用户进行查询。

订购电影票模块：输入用户的个人信息和想要购买电影座位号等信息。

退订电影票模块：用户如果想要取消购买，可以用此功能实现退票。

在编写功能函数之前，首先我们要考虑数据类型、数值传递方式等基本问题。在订票系统设计中，我们肯定会频繁使用输入输出语句，为了减少重复代码，我们可以使用宏定义对输出信息进行模板化，相关代码如下：

```
# define HEADER1 "--------------------电影订票系统--------------------------\n"
# define HEADER2 "| 播放厅编号| 电影名称| 时间长度 | 开始时间 | 电影票
的价格 |余票数量 |\n"
# define FORMAT  "|%- 10s|%- 12s|%- 10s|%- 10s| %5d  | %5d |
\n"
# define DATA  q- > data.num,q- > data.mname,q- > data.time,
q- > data.takeofftime,q- > data.price,q- > data.ticketnum
saveflag =  0; //(全局变量)(1、表示未保存 0、表示已保存)
```

在上述代码中，我们定义了一个全局变量 saveflag，这个变量用来表示我们插入的电影信息（播放厅、名称、时长、开始时间、票价等）是否保存在文件之中。定义存储电影信息的结构体代码如下所示。

```
struct movie /* 定义存储电影信息的结构体* /
{  char num[10]; /* 电影播放厅编号* /
    char mname[20]; /* 电影名称* /
    char time[10]; /* 播放时长* /
    char takeofftime[10]; /* 开始播放时间* /
    int price; /* 票价* /
    int ticketnum; /* 票数量* /
};
```

不仅如此，我们在订票信息中还要存储订票人员的信息，如订票人的手机号码、姓名、座位号等信息，所以我们定义了订票人结构体来存储这些信息。例如：

```
struct person        /* 订票人的信息* /
{  char ps[20];         /* 手机号码* /
  char name[10];          /* 姓名* /
  char zwh[20];         /* 座位号* /
  int bookNum;        /* 订票的数量* /
};
typedef struct node       /* 定义电影链表的节点结构* /
{
  struct movie data;
  struct node *next;
}Node, *Link;
typedef struct Person         /* 定义订票人链表的节点结构域* /
{
  struct person data;
```

```
    struct Person*next;
 }book, *bookLink;
```

以上代码不仅定义了结构体类型，还声明了指向结构体的指针类型，如 bookLink 为 Person 结构体的指针类型等信息。我们就可以利用这些指针对链表进行操作，从而插入电影信息。

### 插入电影信息模块的设计

前期准备工作完成之后，我们就要开始编写模块的功能了。我们可以从键盘上输入电影信息，Movieinfo（）函数代码如下：

```
void Movieinfo(Link linkhead) /* 插入一个电影信息* /
{ struct node*p, *r, *s;
  char num[10];    r = linkhead;        /* 链表的头指针不能移动
                                         (否则在以后的查询中无法
                                          找到头指针)* /

  s = linkhead- > next;                 /* 链表头指针后面一个节点才开始有
                                           电影信息数据* /

  while (r- > next ! = NULL)            /* 找到链表尾部* /
      r= r- > next;

  while (1)
  { printf("请输入电影播放室的编号(0- 返回)");
    scanf("%s", num);
    if (strcmp(num, "0") = = 0)
        break;
    /* 判断是否存在* /
    while (s )
    { if (strcmp(s- > data.num, num) = = 0) {
      printf("播放厅编号为%s 的电影已存在!! \n", num);
      return;
    }
    s = s- > next;
    }
    p = (struct node* )malloc(sizeof(struct node));
    strcpy(p- > data.num, num);   /* 将播放厅编号存放到节点里面* /
    printf("请输入电影名称:");
    scanf("%s",p- > data.mname);        /* 输入电影名称* /
    printf("请输入电影时长:");
```

```
    scanf("%s",p- > data.time);        /* 输入电影时长 */
    printf("请输入电影开始时间:");
    scanf("%s",p- > data.takeofftime);        /* 输入出发时间 */
    printf("请输入票价:");
    scanf("%d", &p- > data.price);        /* 输入票价 */
    printf("请输入票数:");
    scanf("%d", &p- > data.ticketnum);        /* 输入票数 */
    p- > next = NULL;
r- > next = p;        /* 插入到链表 */
        r = p;
        saveflag = 1;
    }
}
```

在插入电影信息模块设计中，我们利用链表这一结构实现了插入电影信息这一目的，链表是由节点组成，指针指向下一节点。我们可以发现，使用链表插入信息十分方便，并不会影响原来就存在的电影信息。

### 显示电影信息模块的设计

插入电影信息以后，如何判断电影信息已经保存在程序中了呢？我们可以利用显示电影信息模块，这个模块的功能就是显示所有的电影信息。该模块由 2 个函数构成，代码如下：

```
void printdata(Node*  p)
{  Node*q;
   q= p;
   printf(FORMAT, DATA);
}
void showmovie(Link l)        /* 显示电影票信息 */
{  int opt;
   printf("请输入你的选择,1:所有电影信息,2:热门推荐电影\n");
   scanf("%d", &opt);
   Node*p;
   p = l- > next;        /* 链表头指针后面一个节点才开始有电影信息数
                          据 */
   printf(HEADER1);
   printf(HEADER2);        /* 打印头部信息 */
   if (l- > next = = NULL)        /* 是否为空链表 */
```

```
        printf("是空链表");
    else
    {  if (opt = = 1)
       {  while (p! = NULL)
          {  printdata(p);
             p = p- > next;
          }
       }
  if (opt = = 2)
          {
             while (p ! = NULL)
             {
               if(p- > data.price< = 30)
               printdata(p);
               p = p- > next;
             }
          }
       }
    }
```

在显示电影信息模块中，我们利用链表指针遍历整个链表输出链表内所有的信息元素，即所有的电影信息，在输出信息时十分方便，不需要指出链表结构中每一个元素，只需要指向结点，输出结点信息即可。

当我们输入数字 1 时会显示所有电影信息，当我们输入数字 2 时，会输出电影票价格小于等于 30 的电影，方便我们进行选择。

### 查询电影信息模块的设计

在实际应用中，电影信息常常是成百上千条，我们如何精准地找到自己想看的电影呢？这就涉及查询功能了，我们根据数据结构中的某一关键信息进行查询，可以有效减少查找时间。在查询电影信息模块中，提供了两种查询方式：一是根据播放厅编号；二是根据电影名称查询。searchmovie 函数（）代码如下：

```
void searchmovie(Link l)      /* 查询电影信息* /
{  Node*s[10], *r;         /*s[10]用来存储寻找到的对象* /
   int sel, k, i = 0;      /* sel 表示选择查询方式* /
   char str1[10], str2[10];     /* str1 用来输入播放厅编号,str2 用
                               来输入电影名称* /

   if (! l- > next) {
       printf("没有任何记录");
```

```
            return;
    }
printf("选择方式:\n 1:根据播放厅编号;\n 2:根据电影名称:\n");
scanf("%d", &sel);            /* 输入选择的序号 * /
if (sel = = 1)        /* 根据电影播放厅编号来查询 * /
{   printf("输入电影播放厅编号:");
    scanf("%s", str1);
    r = l- > next;      /* 链表是从第二个元素开始才有数据 * /
    while (r ! = NULL)
    {if (strcmp(r- > data.num, str1) = = 0)    /* 检索是否有与输
                                           入的编号相匹配 * /
            {   s[i] = r;        /* 把已经找到的节点存放到定义好的结构
                              体指针数组 * /

                i+ + ;
                r = r- > next;          /* 继续往表的后面寻找 * /
            }
            else
                r = r- > next;          /* 继续往表的后面寻找 * /
    }
    if (i = = 0)
            printf("找不到相对应的编号的电影");
}
else if (sel = = 2)          /* 根据电影名称来查询 * /
{   printf("输入电影名称:");
    scanf("%s", str2);
    r = l- > next;          /* 链表是从第二个元素开始才有数据 * /
while (r ! = NULL)
{   if (strcmp(r- > data.mname, str2) = = 0)    /* 检索是否有与输
                                           入的编号相匹配 * /

  { s[i] = r;   /* 把已经找到的节点存放到定义好的结构体指针数组 * /
    i+ + ;
    r= r- > next;        /* 继续往表的后面寻找 * /
  }
        else
            r = r- > next;          /* 继续往表的后面寻找 * /
    }
    if (i = = 0)
```

```
            printf("找不到相对应的名称的电影");
    }
    printf(HEADER1);
    printf(HEADER2);
    for (k = 0; k < i; k+ +)
        printdata(s[k]);
}
```

在查询电影信息模块中，我们利用电影名称和电影播放厅编号进行筛选，同样利用链表进行输出。在程序执行时，我们输入电影名称屏幕上就会显示相应的电影的基本信息，我们就可以根据信息进行选择。

### 订购电影票模块的设计

订购电影票模块是用户进行订票的功能模块，从键盘上输入自己想看的电影名称就会在屏幕显示电影的基本信息，输入字符"Y"或者"y"就会有相应的用户信息需要填写，比如电话号码、姓名、座位号等信息。Bookticket（）函数代码如下：

```
/* 订票模块* /
void Bookticket(Link l, bookLink k)    /* l是电影链表，k是人员链表* /
{  Node* r[10], * p;        /* r存放满足条件的电影信息* /
 /* str表示输入想看的电影、ch判断是否订票* ，tnum表示电影播放厅编号* /
   char ch[2], tnum[10], str[10], str1[10], str2[15], str3[10];
   book* q, * h;
   int i = 0, t = 0, flag = 0, dnum;   /* i记录满足条件的电影信息的数
                                         量，t进行循环打印电影信息，flag
                                         标志有票 dnum买票的数量* /
   q = k;         /* 将人员链表的表头赋值给q* /
   while (q- > next ! = NULL)
         q = q- > next;      /* 遍历人员链表（添加订票人信息，从链表尾
                               部添加）* /
   printf("输入你想看的电影名称：");
   scanf("%s", str);
   p = l- > next;       /* 链表的第二节点才有数据* /
   while (p ! = NULL)     /* 遍历电影信息链表* /
   {
       if (strcmp(p- > data.mname, str) = = 0)      /* 如果找到你
                                                    想看的电影* /
       {
```

```
            r[i] = p;            /* 将满足条件的记录存到数组 r 中 * /
            i+ + ;
        }
        p = p- > next;
    }
    printf("\n\n 记录的数量％d\n", i);
    printf(HEADER1);
    printf(HEADER2);
    for (t = 0; t <  i; t+ + )
        printdata(r[t]);
    if (i = = 0)        /* 如果没有找到你想看的电影 * /
        printf("没有你想看的电影");
    else          /* 如果找到就订票 * /
    {
        printf("\n 你想要订票么? < y/n> \n");
        scanf("％s", ch);
    if (strcmp(ch, "Y") = = 0 || strcmp(ch, "y") = = 0)          /* 进行字符
                                                                  串的比较 * /

        {
                h =  (book* )malloc(sizeof(book));/* 增加人
                                                    员 链 表 节
                                                    点 * /

                printf("输入你的名字: ");
                scanf("％s", str1);
                printf("输入你的手机号:");
                scanf("％s", str2);
                printf("输入想要购买的座位号:");
                scanf("％s", str3);
                printf("输入你要的买的数量:");
                scanf("％d", &dnum);   /* 买票的数量 * /
                /* 对人员信息表添加节点,q= h 表示在尾部添加 * /
                h- > data.bookNum =  dnum;
                strcpy(h- > data.name, str1);
                strcpy(h- > data.ps, str2);
                h- > next =  NULL;
                q- > next =  h;
                q =  h;
                printf("\n 恭喜购票成功!!! \n");
```

```
                        saveflag = 1;
                  }
            else {
                        printf("输入有误");
                        return;
                  }
            }
      }
```

在订购电影票模块中，我们设置了一个字符变量"ch"，根据这个变量的数值来决定是否输入用户的基本信息，主要是对人员信息链表的节点进行控制，添加人员信息链表节点。

### 退订电影票模块的设计

退订电影票模块的功能比较简单，我们只需要根据字符"ch"的值决定是否退款即可。tdmovie（）函数代码如下：

```
/* 退票功能* /
void tdmovie(Link l)
{
    Node*p;      /* p节点从第二个节点开始(因为第二个节点才有数据)* /
    char tmname[10], ch;    /* ch 判断是否修改 tnum[10]电影播放厅编
                              号的输入* /
    p = l- > next;
    if (! p)
    {
        printf("你没有订单可以退款");
        return;
    }
    else
    {
        printf("\n 你想退款么？（y/n)\n");
        scanf("%c", &ch);
        if (ch = = 'y' || ch = = 'Y')/* 字符的比较* /
        {
            printf("\n 退款成功!");
        }
    }
}
```

### 主程序 main（）函数的设计

在完成功能模块的设计之后，就可以着手编写主程序了。在主程序之中，要包含定义的数据结构体类型、头文件、全局变量等信息，我们也可以考虑设计一个界面函数，显示主菜单，方便我们调用，menu（）函数代码如下：

```
/* 初始化界面 */
void menu()
{
  puts("\n\n");
  puts("\t\t|------------------------------------------|");
  puts("\t\t|     电影订票系统              |");
  puts("\t\t|------------------------------------------|");
  puts("\t\t|     1:插入电影信息           |");
  puts("\t\t|     2:显示电影信息           |");
  puts("\t\t|     3:查询电影信息           |");
  puts("\t\t|     4:订购电影票            |");
  puts("\t\t|     5:退订电影票            |");
  puts("\t\t|     0:退出               |");
  puts("\t\t|------------------------------------------|");
}
```

当我们在主函数中调用 menu（）函数时，程序界面如图 16-4 所示。

图 16-4　程序运行界面

在 main（）函数中，我们需要根据不同功能调用不同的函数，main（）函数代码如下：

```
# include < stdio.h>
# include < stdlib.h>
# include < string.h>
# include< conio.h>
# include< dos.h>
int main() {
    FILE* fp1, * fp2;        /* fp1 文件指针对应电影信息,fp2 文件指针对
                                应人员信息* /
    Node* p, * r;       /* 表示电影信息节点 p 用来表示读文件的节点* /
    char ch1, ch2;
    Link l;        /* 表示电影信息的链表 l 指的是链表的首位* /
    bookLink k;      /* 这里表示人员的链表* /
    book* t,* h;      /* 表示人员的节点* /
    int sel;      /* 选择菜单变量* /
    l =  (Node* )malloc(sizeof(Node));
    l- > next =  NULL;        /* 它下一个节点指向 NULL* /
    r =  l;        /* 利用 r 来做一个循环表示* /
    k =  (book* )malloc(sizeof(book));    k- > next =  NULL;
/* 它下一个节点指向 NULL* /
    h =  k;
    fp1 =  fopen("d:/movie.txt", "ab+ ");        /* 打开存储电影信息
                                                   的文件(如果没有该文
                                                   件就写一个)* /

    if (fp1 = =  NULL) {
        printf("无法打开该文件");
        return 0;
    }
    while (! feof(fp1)) {
        p =  (Node* )malloc(sizeof(Node));
        if (fread(p, sizeof(Node), 1, fp1) = =  1)        /* 从指定磁
                                                            盘文件读取
                                                            记录* /

        {
        p- > next =  NULL;        /* 因为 p 为节点,p 后面现在还有指向,给
                                    它初始化* /
                r- > next =  p;        /* 构建链表* /
                r =  p;
```

```
        }
    }
    fclose(fp1);
    /* 人员基本操作的读取* /
    fp2 = fopen("d:/person.txt", "ab+ ");
    if (fp2 = = NULL) {
        printf("无法读取人员基本操作文件");
        return 0;
    }
while (!feof(fp2)) {
        t = (book* )malloc(sizeof(book));
        if (fread(t, sizeof(book), 1, fp2) = = 1) {
            t- > next = NULL;
            h- > next = t;
            h = t;
        }
    }
    fclose(fp2);
    while (1) {
        menu();
        printf("\t 请选择(0~ 5):");
        scanf("%d", &sel);
        system("cls");
        if (sel = = 0)
        {   if (saveflag = = 1)/* 表示未保存* /
            {   getchar();
                printf("\n 你想保存它么(y/n)？ \n");
                scanf("%c", &ch1);
            }
            printf("\n 谢谢使用 下次光临\n");
            break;
        }
        switch (sel)      /* 根据输入的 sel 值选择相对应的操作* /
        {
        case 1:
            Movieinfo(1);/* 插入电影信息* /
```

```
                    break;
        case 2:
                    showmovie(l);/* 显示电影信息 * /
                    break;
        case 3:
                    searchmovie(l);/* 查询电影信息 * /
                    break;
        case 4:
                    Bookticket(l, k);/* 订购电影票 * /
                    break;
        case 5:
                    tdmovie(l);/* 退订* /
                    break;
        case 0:
                    return 0;
        }
                    printf("\n 请按任意键继续...");
    }
    system("pause");
    return 0;
}
```

程序运行后，当我们输入数字 1 时，程序会执行插入电影信息模块的调用，如图 16-5 所示（电影信息仅做运行参考，下同）。

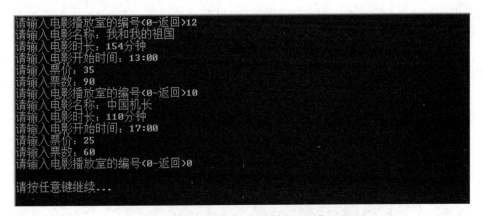

图 16-5　插入电影信息模块调用界面显示

当我们输入数字 2 时，程序会调用显示电影信息模块，界面显示如图 16-6 所示。输入数字 1，界面显示如图 16-6 所示。输入数字 2，界面显示如图 16-7 所示。

```
请输入你的选择，1:所有电影信息，2:热门推荐电影
1
---------------------------------电影订票系统---------------------------------
| 播放厅编号| 电影名称    | 时间长度  | 开始时间   |电影票的价格| 余票数量|
|12         |我和我的祖国|154分钟    |13:00       |    35      |    90   |
|10         |中国机长     |110分钟    |17:00       |    25      |    60   |

请按任意键继续...
```

图 16-6　全部电影信息显示界面

```
请输入你的选择，1:所有电影信息，2:热门推荐电影
2
---------------------------------电影订票系统---------------------------------
| 播放厅编号| 电影名称  | 时间长度  | 开始时间   |电影票的价格| 余票数量|
|10         |中国机长   |110分钟    |17:00       |    25      |   60    |

请按任意键继续...
```

图 16-7　热门优选电影显示界面

当我们输入数字 3 时，程序会调用查询电影信息模块，界面显示如图 16-8 所示。

```
选择方式：
 1：根据电影编号；
 2：根据电影名称：
2
输入电影名称：中国机长
---------------------------------电影订票系统---------------------------------
| 播放厅编号| 电影名称    | 时间长度  | 开始时间   |电影票的价格| 余票数量|
|10         |中国机长     |110分钟    |17:00       |    25      |    60   |

请按任意键继续...
```

图 16-8　查询电影信息模块调用显示界面

当我们输入数字 4 时，程序会调用订购电影票模块，当我们输入“y”字符后，程序会让你输入用户信息，界面显示如图 16-9 所示。

```
输入你想看的电影名称：中国机长


记录的数量1
---------------------------------电影订票系统---------------------------------
| 播放厅编号| 电影名称    | 时间长度  | 开始时间   |电影票的价格| 余票数量|
|10         |中国机长     |110分钟    |17:00       |    25      |    60   |

你想要订票么?<y/n>
Y
输入你的名字：张三
输入你的手机号：12345678901
输入想要购买的座位号：3排12座
输入你要的买的数量：1

恭喜购票成功!!!
```

图 16-9　订购电影票模块调用显示界面

当我们输入数字 5 时，程序会调用退订电影票模块，当我们输入"y"字符时，界面显示如图 16-10 所示。

**图 16-10　退订电影票模块调用显示界面**

# 参考文献

[1] 刘惠欣，孟令一．C语言从入门到精通［M］．北京：北京希望电子出版社，2017．

[2] 明日科技．C语言从入门到精通［M］．北京：清华大学出版社，2019．

[3] 丁亚涛．C语言从入门到精通（案例视频版）［M］．北京：水利水电出版社，2020．

[4] 明日学院．C语言从入门到精通（项目案例版）［M］．北京：水利水电出版社，2017．

[5] 王征，李晓波．C语言从入门到精通［M］．北京：中国铁道出版社，2020．

[6] 何旭，贾若．新编C语言程序设计教程［M］．西安：西安电子科技大学出版社，2018．

[7] 明日科技．C语言编程入门指南［M］．北京：电子工业出版社，2019．

[8] （美）K. N. King．C语言程序设计：现代方法［M］．2版．吕秀峰，黄倩，译．北京：人民邮电出版社，2010．

[9] 梁义涛．C语言从入门到精通精粹版［M］．北京：人民邮电出版社，2018．

[10] （美）史蒂芬·普拉达（Stephen Prata）．C Primer Plus［M］．6版．姜佑，译．北京：人民邮电出版社，2019．

[11] 明日科技．C语言项目开发全程实录［M］．2版．长春：吉林大学出版社，2017．

[12] 陈长生，杨玉兰，潘莉．C语言从入门到精通［M］．北京：中国铁道出版社，2016．

[13] 明日科技．零基础学C语言（全彩版）［M］．长春：吉林大学出版社，2017．

[14] 高昱．C语言程序设计（Visual Studio 2019）［M］．西安：西安电子科技大学出版社，2020．

[15] 王长青，韩海玲．C语言从入门到精通［M］．北京：人民邮电出版社，2016．

[16] 傅胡慧，刘妍，郭莉．C语言程序设计教程［M］．北京：北京邮电大学出版社，2018．

[17] 刘丽，朱俊东，张航．C语言程序设计基础与应用［M］．北京：清华大学出版社，2012．

［18］李根福，贾丽君．C 语言项目开发全程实录［M］．北京：清华大学出版社，2013．

［19］叶东毅，谢丽聪，张莹．C 语言程序设计学习指导［M］．厦门：厦门大学出版社，2014．

［20］汪新民，刘若慧．C 语言基础案例教程［M］．北京：北京大学出版社，2010．

［21］徐善荣．谈 C 语言中的编译预处理运用技巧［J］．计算机时代，2002（2）：29-30．

［22］李菁．C 语言指针运用的基本问题及其典型例题分析［J］．无线互联科技，2019（24）：119-120．

［23］冷冷的那一风．C 语言中宏定义的使用［EB/OL］．https：//blog. csdn. net/imgosty/article/details/81901183，2018. 8. 21.

［24］超级代码搬运工．C 语言宏定义的几个坑和特殊用法［EB/OL］．https：//blog. csdn. net/qq997843911/article/details/62042697，2017. 3. 14.

［25］离人心上秋 i.C 语言拨钟问题的两种解法［EB/OL］．https：//blog. csdn. net/weixin ＿ 44119426/article/details/85255387，2018. 12. 25.

［26］魏波．C 语言中函数参数传递的三种方式［EB/OL］．https：//blog. csdn. net/weibo1230123/article/details/75541862，2017. 7. 22.

［27］aggresss.C 标准库头文件［EB/OL］．https：//blog. csdn. net/aggresss/article/details/88009988，2019. 2. 28.

［28］雨辰．C 语言三种预处理功能［EB/OL］．https：//blog. csdn. net/qq ＿ 40268826/article/details/84843871，2018. 12. 25.

［29］飞剑神．C 语言链表详解［EB/OL］．https：//blog. csdn. net/wrzfeijianshen/article/details/53322326，2016. 11. 24.

［30］Amarao.C 语言通过 socket 编程实现 TCP 通信［EB/OL］．https：//blog. csdn. net/jinmie0193/article/details/78951055，2018. 1. 2.

［31］我的书包哪里去了．C 语言实现网络聊天程序的设计与实现（基于 TCP 协议）［EB/OL］．https：//blog. csdn. net/qq ＿ 34490018/article/details/85085427，2018. 12. 19.

［32］zhanghuiyu01. 各种服务常用端口号［EB/OL］．https：//blog. csdn. net/zhanghuiyu01/article/details/80830045，2018. 6. 27.

［33］墨竹．数据库管理系统的三个发展阶段［EB/OL］．https：//blog. csdn. net/kevinelstri/article/details/51694405，2016. 6. 16.

［34］hcmony. 为什么分布式一定要有 redis，redis 的一些优缺点［EB/OL］．https：//blog. csdn. net/hcmony/article/details/80694560，2018. 6. 14.

［35］ArthurKingYs. Redis 数据库看这一篇文章就够了［EB/OL］．https：//blog. csdn. net/u011001084/article/details/81198840，2018. 7. 25.